大节气 小茶包
二十四节气中的健康密码

主　编　叶聿隶

副主编　丁佐泓

编　委　朱佳琳　吴　颢　季晓闻

全国百佳图书出版单位

中国中医药出版社

·北 京·

图书在版编目（CIP）数据

大节气 小茶包：二十四节气中的健康密码 /
叶聿隶主编 . —北京：中国中医药出版社，2023.6
ISBN 978-7-5132-8050-1

Ⅰ . ①大… Ⅱ . ①叶… Ⅲ . ①保健—茶谱 Ⅳ .
① TS272.5

中国国家版本馆 CIP 数据核字（2023）第 039380 号

中国中医药出版社出版

北京经济技术开发区科创十三街 31 号院二区 8 号楼
邮政编码　100176
传真　010-64405721
保定市西城胶印有限公司印刷
各地新华书店经销

开本 880×1230　1/32　印张 6.75　字数 124 千字
2023 年 6 月第 1 版　2023 年 6 月第 1 次印刷
书号　ISBN 978-7-5132-8050-1

定价　49.80 元
网址　www.cptcm.com

服 务 热 线　010-64405510
购 书 热 线　010-89535836
维 权 打 假　010-64405753

微信服务号　**zgzyycbs**
微商城网址　**https://kdt.im/LIdUGr**
官方微博　**http://e.weibo.com/cptcm**
天猫旗舰店网址　**https://zgzyycbs.tmall.com**

如有印装质量问题请与本社出版部联系（010-64405510）

丁　序

药茶泛指含有茶叶或不含茶叶的中药经沸水冲泡或煎煮取汁代饮的一种制剂，既是一种保健饮料，又能作为一种治疗的剂型。

在中医历史上，药茶疗疾源远流长，早在唐代就有"药疗百疾，茶治百病"之说。著名医学家王焘于公元752年编撰的《外台秘要》卷三十一始载"代茶新饮方"，并对药茶的制作和服用方法做了详细的说明。宋代《太平圣惠方》、元代《饮膳正要》、明代《普济方》均收载了许多代茶饮。明代著名医学家李时珍在所著《本草纲目》中附录药茶方十余个，并对所列药茶的功效做了全面的论述。清代沈金鳌《沈氏尊生书》记载了温病学家叶天士的药茶方，后来改制成的"天中茶"的药茶十分有名，受到医家推荐，至今还用于临床。清代孟河医派的先驱费伯雄所著《食鉴本草》中也有不少药茶方。清代十分重视强身健体、延年益寿的药茶方，如"清宫仙药茶"由上等茶叶、泽泻、山楂等组成，据现代药理研究有降脂化浊、提高免疫力等功能。另外，《慈禧光绪医方选议》一书中的清热茶方中就有清热理气茶、清热化湿茶、清热养阴茶、清热止咳茶。这些都是中医药茶的珍贵文献记载。

中医学"天人合一"的观点提出了大自然有"春生、夏长、秋收、冬藏"的规律，人体与大自然存在一种相互协调、同消同长的关系，因此"顺着节气去养生"是古人的一种养生智慧。《素问·四气调神大论》提道："夫四时阴阳者，万物之根本也。所以圣人春夏养阳，秋冬养阴，以从其根，故与万物沉浮于生长之门。"生长属阳，故春夏养阳即春夏养生、养长；收藏属阴，故秋冬养阴即秋冬养收、养藏。这是顺时摄养必须遵循的基本原则。再者养生并非单纯的调养补益。人还可因六淫，即风、寒、暑、湿、燥、火之六气生发太过或不及，或气候变化超过了一定的限度，以致机体不能与之相适应时，而导致疾病的发生。风为春季主气，春季多发生风邪伤人，袭肺与皮毛，又可由外风引动内风致眩晕，故书中立春的茶包就是"清补止眩茶"。湿邪为梅雨季节的主气，能阻滞气行，湿邪停留阻碍脾运，且湿为阴邪，故有"暖脾祛湿茶"。暑是夏日火热之邪，易耗气伤阴，故茶包中有针对性的"夏日解暑茶"。秋季时令以燥邪为主，它能损伤肺之津液，燥胜则干，于是茶包中就有"润肺解渴茶"。寒为冬令主气，寒邪易伤阳气，客于上焦，发为伤风感冒，故有"祛风散寒茶"。

孟河医派是明清时期江南中医的一大流派，它的学术思想是"醇正和缓"，临床治疗特点是用药以轻清为主，而药茶的运用实为"轻药缓治"的体现。各人可根据自己的体质、时令变更，以及所患之病选择合适的药茶包，泡而代饮，这样既能祛邪，又能扶正及纠正体质的偏差。

曾祖丁甘仁是孟河医派四大家中的后起之秀，他在孟河学成后，先行医于苏城，后至沪上，在两次"烂喉痧"流行时活人无数，后医道大行，成为上海妇孺皆知的名医。他对活人之术不愿自秘，志在发扬中医，培养下一代，毅然集资兴学，于1916年创办上海中医专门学校，也是现今上海中医药大学的前身。本书作者系孟河医派丁氏学派的再传弟子，他们通过学习丁甘仁医书的内容，结合随师临诊的实践，从《丁甘仁用药一百一十三法》中筛选整理出二十四节气的药茶包，并经过一段时间的临床验证，效果得以肯定。

药茶以"茶饮"的形式出现，人们容易接受，并可不拘时间，随时泡饮，适宜长期饮用。它们对慢病能"缓缓图之"，也能改善人的体质，扶正纠偏，所以也就决定了药茶在日常运用的广泛性。它们一定会受到人们普遍欢迎。

本书是一本中医科普读物，其中的中医知识深入浅出，文字生动，图文并茂，希望能为读者喜爱，从中学到药茶养生的方法。

丁一谔

2023 年 1 月

丁一谔 孟河医派丁氏四世嫡孙，上海中医药大学附属龙华医院主任医师。

胡序

《中国居民健康素养要点问答》曾解释，什么是健康素养。健康素养是指个人获取和理解基本健康信息和服务，并运用这些信息和服务做出正确决策，以维护和促进自身健康的能力。而健康科普就是这其中最重要的"健康信息"提供方式。

近年来，新媒体行业蓬勃发展，给医生们提供了更丰富、更便捷的科普平台，搭建了医者与患者沟通的桥梁。由于医学的专业性，虽然大众非常重视自身健康，但如果缺少正确的科普引导，很容易让人接收到虚假的保健信息。新型冠状病毒感染暴发以来，越来越多的医生通过新媒体平台传播健康科普知识，不仅使大众能够足不出户学到健康科普内容，拓宽健康知识面，还为科普知识的受众度打下了坚实的基础。

中医药是中华民族的国粹，千百年来护佑着中华儿女生生不息。中医被古人称为"生生之学"，是关于生命智慧和生命艺术的学问，而中医科普从古至今就一直在延续。我们熟知的《黄帝内经》曾说："圣人不治已病治未病。"其核心思想便是提示医者要帮助大众保养生息，在疾病发生前便祛除其诱因。除了在理论上的指导，华佗五禽戏、药名诗这些生动的科普方式都很形象地将中医药带入百姓心中。元代陈高曾有首药名诗："丈夫怀远志，儿女苦参商。过海防风浪，何当归故乡。"其中就引入远志、苦参、防风、当归几味中药，将在外思乡之情融入诗句，形象地让中药映入人们眼帘。近年来，随着各项中医药扶持计划的出台，中医药逐渐以一个崭新的姿态站立于世人面前，其中，中医科普显得尤为突出。讲好中医药故事，传播中医药声音，展现中医药风貌，从而繁荣发展中医药文化，大力倡导"大医精诚"的理念。而科普就是现代中医生动的宣讲形式。

《大节气　小茶包：二十四节气中的健康密码》一书结合当下年轻人热衷的传统文化，每个节气以生动的民俗场景开场，以生活中常见的疾病、养生误区及小常识为主体，通过一个个日常就诊小故事，生动地解答了读者们关心的健康问题，并将正确的中医养生知识灌输给读者，同时纠正了人们在养生保健中的错误认知。每个小故事的最后，都为读者精心准备了一款经"辨证"后的中药茶包，其灵感来源于孟河医派丁氏内科的家传珍方——《丁甘仁用药一百一十三法》。孟河丁氏医派是海派中医流派的主要代表之一，其创始人丁甘仁老先生是中国近代的中医临床大家、中医教育家。1916年丁甘仁联同夏应堂、谢利恒等创办了第一个经政府批准的中医学校——上海中医专门学校（今上海中医药大学）。为了表彰丁先生对患者不问贫富贵贱无不尽其关怀的精神，孙中山先生于1924年以大总统名义赠其"博施济众"金字匾额。因此，此书也以小见大，依托中药茶包将孟河医派丁氏内科的"醇正和缓""轻清简约"传达给读者，希望通过喜闻乐见的形式让大众了解中医，走出养生误区，真正得到"简、效、廉"的养生之法。

适合的才是最好的。或许我们是教授，传道授业解惑；或许我们是博士，研究实验发表文章；但对于老百姓来说，我们只是一名医生，以通俗易懂的语言答疑解惑，让普通民众认识疾病、少走弯路才是我们中医药科普人的初心。借助《大节气　小茶包：二十四节气中的健康密码》一书，愿我们中医人继续秉持传承国粹，传播科学，为全民健康的目标做出努力。

胡鸿毅

2023 年 1 月

胡鸿毅　医学博士，博士研究生导师，上海市卫生健康委员会副主任，上海市中医药管理局副局长，中华中医药学会副会长，上海市中医药学会会长，《辞海》分科（中医卷）主编，上海中医药大学附属龙华医院消化内科主任医师。

前言

　　中医药茶是中药汤剂的一种简化形式，其药味较少、口感清爽，是一种经冲泡或煎煮等方法制成的代茶饮品。药茶同针灸、推拿一样，都是中医学的重要组成部分，其形成更是融入了千百年来大众期盼健康的情感。药茶历史悠久，相传神农尝百草，日遇七十二毒，得茶而解之，自此，茶作为药物进入人们的视野。随着时间的推移，以"茶"的形式衍生出的各种药茶进入百姓之家。唐代医家王焘的《外台秘要》中载有"代茶新饮方"一节，详细记述了药茶的制作过程和适应证，开创了药茶制作的先河。

　　四季养生遵循春养肝、夏养心、秋养肺、冬养肾、四季多养脾胃的规律。它符合春生、夏长、秋收、冬藏的规律，但又不局限于大自然的变化生息。在我国，四季的变化还有一种特殊的表现方式——二十四节气。二十四节气反映了自然界规律变化。它不仅是指导农耕生产的时节体系，更蕴涵着悠久的中华历史文化。2016 年，二十四节气正式入选联合国教科文组织人类非物质文化遗产代表作名录。2022 年冬奥会，二十四节气的倒计时独具巧思，爆燃出圈，再一次带着中华民族的自豪感走向了世界的舞台。《大节气　小茶包：

二十四节气中的健康密码》一书正是通过二十四节气的气候变化特点，对应中医学五行、脏腑功能，结合中医理论引入中药茶包，将一个个生动常见的病例展现出来，引导读者认识到中医养生是需要"辨证论治"才能发挥出最佳疗效的。

书中的 24 个茶包组成灵感均来源于孟河医派丁氏内科家传验方《丁甘仁用药一百一十三法》，结合丁氏特色用药，灵活运用药食两用之品，使其口味醇香、药性纯正。孟河医派是明清时期江南中医一大流派，学术思想秉承"醇正和缓""轻清简约"的理念，非常符合中医药茶"简、效、廉"的需求。

《大节气　小茶包：二十四节气中的健康密码》一书，通过图文结合、人物对话的方式，生动描绘出大众在中医养生问题上的疑惑及误区，但这些病证并不是只出现在相应的节气，这些茶包也并非只局限于当下节气饮用，只要符合文中适用人群的症状，均可以灵活运用、有效组合。因此，笔者也希望通过本书提及的茶包病证小故事，一一解除人们对中医养生"一药通吃""一方通治"的误解。

中医药是中华民族的瑰宝，在漫长的历史洪流中凝结着民族的哲学智慧，顾护中华儿女生命健康。在此，笔者也希望通过有限的科普篇幅引导大众正确认识中医，理性看待中医，希望广大读者少走弯路，在健康的康庄大道上阔步前行！

叶隶隶

2023 年 1 月

目录

新年伊始，母子关系需维系

立春，是二十四节气之首，《史记·天官书》记载："正月旦，王者岁首，立春日，四时之始也。"立，为"开始"之意；春，则代表着温暖、生长。随着立春这天的到来，万物复苏，一切欣欣向荣，新的轮回即将开启。立春是春季的第一个节气，此时自然界阴阳之气呈现阴退阳长、寒去热来的变化趋势。虽说春寒料峭，但凛冬已尽，自然万物伸了个大大的懒腰，充满了即将大干一场的气势。在立春节气转换之时，有些人总会出现头胀、头晕，如果前一晚没睡好，次日还会出现烦躁、腰酸等症状，这是怎么回事？

母病及子，人体的平衡环环相扣

爸　　爸：立春已至，我们老话说，"立春一日，水暖三分"，近期我的血压控制得都很平稳，气温也没大幅度变化，可为什么却有些头胀、头晕呢？

小 中 医：中医五行中肝对应于春季，春时木旺，此时我们的肝气渐渐升发，但一不小心就容易升发过度，导致肝脏功能失去平衡，肝气直冲头顶，上扰清窍，出现头胀、头晕等不适。如果能纠正失衡，头胀、头晕的症

状就能缓解；如果失衡越来越严重，就可能会使血压
升高。

肝脏的功能失衡不仅和自身原因相关，也受其他脏腑
的影响。按照中医五行相生相克的规律，肾在五行属
水，肝属木，水能生木，即肾水能生肝木，因此肾阴
能涵养肝阴。肾经过一个冬季的储备，到了春天就有
了滋养肝的能力，使得肝阳即使想要升发，也不至于
亢奋。这就好比爸爸小有成就有些嘚瑟，奶奶见状后
给爸爸泼了些冷水，免得他乐极生悲。相反，肝阴又
可滋助肾阴再生，如此往复，肾阴充足才能维持肝阴
和肝阳动态平衡。这种母子关系称为"水能涵木"。
一旦这种平衡被打破，可能出现头晕、头胀、目眩、
急躁易怒、烦热失眠等症状。

透过现象看本质

爸　　爸：那在立春之季，出现入睡前躁动，次日腰酸乏力，又
　　　　　是哪里失衡了呢？

小 中 医：出现腰酸、乏力，都和肾的功能失调、肾气亏虚息息
　　　　　相关。肝藏血，肾藏精，精血都是属阴的物质，肝血
　　　　　与肾精相互资生、相互转化。这就好比爸爸和奶奶是
　　　　　一家人，生活上互帮互助，人多力量大。肾阴资生肝

阴，肾精又可化生肝血。相对的，肝阴能滋补肾阴，肝血又能滋养肾精。这就称作"精血同源"，但凡一方有亏损都会引起失衡，所以一家人就要整整齐齐，一个都不能落下。

爸　　爸：我明白了，这就是治病要治本，所以我们不能只看肝气上扰的表面现象，还要顾及我们肾阴亏损的本质。

小 中 医：没错！为了在立春节气维护"母子"的关系，我来介绍一款茶包。

清补止眩茶

黄精 4g，当归 3g，决明子 4g，菊花 3g，枸杞子 4g。

清补止眩茶（代表中药：当归）

清补止眩茶包灵感来源于《丁甘仁用药一百一十三法》中的养阴息风法，适用于面红、头晕头胀、遇事烦躁易怒、腰酸乏力之人。

黄精，听上去有种金灿灿、很是富有的感觉，您别说还真是。黄精质地较软，外观呈黑炭色，如果我们把它掰开，就立马露出了金黄色的内芯。黄精又名老虎姜，具有益气养阴、益肾健脾的功效。此处连同枸杞子给肾这位"老母亲"补一补。当归（身）是大家熟知的一味药材，具有补益肝血的作用，它的头和尾，也就是当归头、当归尾则有活血祛瘀的效果，所以这里我们还是选用当归（身）来调补肝血，给"肝儿子"打打气。春季肝阳升发，要清这股肝火还需要决明子、菊花一起联手，改善面赤、头晕头胀、烦躁易怒的症状。

茶包的饮用方法有很多，要说最便捷的一定是开水冲泡了，只要把这些材料直接倒进水杯或者保温杯，冲入开水后焖一会即可，反反复复冲泡 3～4 杯依然余味飘香。用容量 200mL 左右的杯子，每天建议喝 1～2 杯，茶包需每日一换，防止变质吃坏肚子。

考究些的话养生壶是不二选择，将药材一并倒入壶中，随着烹煮可见一缕袅袅青烟伴着茶香飘出，细细品来有黄精、菊花、枸杞子的清香甘甜，又有当归的辛散、决明子的清苦，身体的元气也随之四溢周身。

最实惠的莫过于电子炖锅炖煮了，这也是笔者最喜欢的一种。茶包内含有多种药材，煲汤锅可以一次把几顿的饮用量炖出，还有保温效果，药物有效成分也更容易释放出来。最方便的是不用一直盯着火，当茶香从厨房漫溢到客厅时，就齐活了！

如果喝了1～2周后，头晕头胀、烦躁易怒、腰酸乏力等症状改善，可以停一停。如果出现了新的症状，可以换一款后文介绍的其他节气的养生茶包。喝清补止眩茶时，咖啡、牛奶、饮料都可以喝，但如果这些物质导致失眠等症状，请暂停饮用上述饮品。另外室内的暖气开得太热时，记得及时调低温度，并且要用加湿器维持室内的湿度，可以有效改善燥热症状。

头晕伴有手脚怕冷、面唇色白或头部刺痛等者不适合饮清补止眩茶。在春季容易烦躁、头晕头胀的朋友，平日还可以按摩百会穴、太冲穴、涌泉穴至酸胀略痛，可有效改善上述症状。

回回回回回回回回回回回回回回回回回回回回回回回回

·立春小彩蛋：咬春香喷喷·

民以食为天，中国老百姓但凡过个年、过个节，总要来点美食庆祝下，对于这类"香喷喷"的仪式感，大家表示很幸福。立春时节民间会有"咬春"的习俗，古时物资匮乏，"咬春"就是买个萝卜啃，取"咬得草根断，则百事可做"之意，即立春过后大家即将开启忙碌的生活、工作了。随着时代变迁，现在的"咬春"仪式感仍然存在，大家用面饼包着时令蔬菜，或蒸或炸，香味扑鼻，亲友邻里间可互相馈赠，祈求新年风调雨顺、五谷丰登。无论如何，新年伊始都是"香喷喷"的了。

每逢节后消化不良

雨水，是二十四个节气中的第二个节气，也是春季的第二个节气。其有两层含义：一是随着天气回暖，降水量逐渐增多；二是随着气温变化降雪减少。这个节气正好处在数九寒冬的"七九"期间，河水破冰、大雁北归、天气变化不定，忽冷忽热，是全年寒潮出现最多的时节之一。有些人脾胃虚弱还早早脱去冬装，再"吃"几口冷风，极易引起胃部冷痛不适。

这次"我"要罢工了

小 中 医：过年大家都爱吃些什么？龙虾、螃蟹、牛羊肉……吃完咸的还得再吃几口甜的，八宝饭、布丁、酒酿圆子……过年统共 7 天的假期，好多人一天里要这么吃上两顿，午餐还没消化马上又赶赴了晚宴的现场，时不时再来几杯酒，往往一个年还没过完，人已经在急诊科报到了。作为一个曾在急诊科驻扎的小医生，笔者过年期间最常处理的就是急性胃肠炎、急性胆囊炎、醉酒，甚至还有人因为吃多了诱发急性胰腺炎，最后在 ICU 足足抢救了一个月才挽回生命。而年后的门诊，多是各个年龄段的患者因为胃痛、胃胀、反酸、嗳气、腹泻等胃肠道症状来就诊，一看便知是过年"吃多了"的后遗症，接下来真要好好保养下你的脾胃了！

白领小明：没错，以前我吃多了出去走一圈，打几个饱嗝就好了，可现在一吃多胃立马就隐隐不适，饭后容易胃胀、嗳气、反酸，受凉了会胃痛、腹泻，有时大便还粘马桶。

小 中 医：这糟糕的饮食习惯真该改改了。话说脾胃是对好兄弟，共同负责消化吸收、供给营养。从阴阳属性来说，胃是阳腑，喜润而恶燥，需要像机器一样常加油，有阴液滋润才能发挥好受纳腐熟的功能；胃气以降为顺，所以当它罢工的时候，就会出现频频嗳气、呕吐等。脾相对于胃来说正好相反，喜燥而恶湿，比如受饮食、节气影响，湿困脾土，就会出现脘腹胀闷、头重如裹、口黏不渴的症状；如果脾自身虚损生湿，则会出现腹泻、腹胀、乏力倦怠、消瘦面黄等症状。

神乎其神的湿气

小 中 医：让我看看你的舌苔，舌淡红，舌边有齿痕，苔薄白，还有些腻。

白领小明：我懂了，人家说舌苔腻就是有湿气。

小 中 医：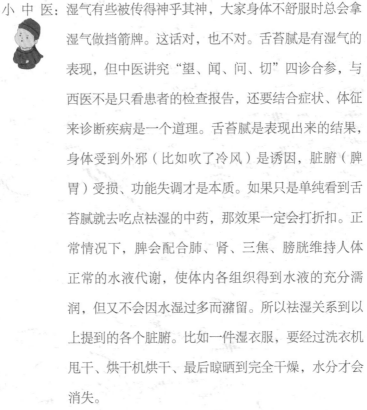湿气有些被传得神乎其神，大家身体不舒服时总会拿湿气做挡箭牌。这话对，也不对。舌苔腻是有湿气的表现，但中医讲究"望、闻、问、切"四诊合参，与西医不是只看患者的检查报告，还要结合症状、体征来诊断疾病是一个道理。舌苔腻是表现出来的结果，身体受到外邪（比如吹了冷风）是诱因，脏腑（脾胃）受损、功能失调才是本质。如果只是单纯看到舌苔腻就去吃点祛湿的中药，那效果一定会打折扣。正常情况下，脾会配合肺、肾、三焦、膀胱维持人体正常的水液代谢，使体内各组织得到水液的充分濡润，但又不会因水湿过多而潴留。所以祛湿关系到以上提到的各个脏腑。比如一件湿衣服，要经过洗衣机甩干、烘干机烘干、最后晾晒到完全干燥，水分才会消失。

如果我们因为饮食不节吃坏了肠胃，又在雨水节气吸入了冷风，就会损伤脏腑功能。脾在五脏中属阴中之至阴，寒湿之邪最易伤脾，脾的功能受损后，可导致湿邪留恋难以祛除。遇到这种情况我们可以泡一包暖脾祛湿茶。

暖脾祛湿茶

藿香 3g，炒白术 4g，干姜 2g，薏苡仁 3g，陈皮 1g，焦谷芽 3g。

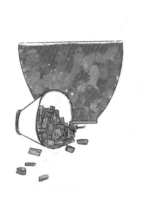

暖脾祛湿茶（代表中药：藿香）

暖脾祛湿茶包灵感来源于《丁甘仁用药一百一十三法》中的扶土和中法，适用于脾胃功能受损后着凉，出现胃部隐隐不适、胃痛、腹泻，饭后易胃胀、嗳气，时有大便粘马桶之人。

暖脾祛湿茶中薏苡仁、焦谷芽、陈皮均为药食两用之材，口感甘淡爽口，平时老百姓也时常用来煮粥、做菜，有健脾燥湿的功效。藿香质地较轻、闻之辛香，南方地区梅雨时节经常被用作香囊的主要成分，此处便是取其化湿醒脾的功效。炒白术、干姜是一组针对脾胃虚寒证的药对，炒白术是生白术加麸皮炒焦后的产物，加强了健脾温中的效果；干姜相较于生姜，性味更加辛辣浑厚，有很好的祛寒、祛湿效果。整个茶包的口感甘中带辛，如果喜欢更甘甜的口感，可加入蜂蜜调和，亦有健脾之效。

我们亦可将茶包用养生壶煮一下，随后全都倒在杯子里带去单位慢慢喝，一定要记得喝温热的。如前所述，建议每天喝1～2杯，如果喝了1～2周后，腹中怕冷、胃冷痛、胃胀嗳气、大便稀溏、口黏、舌苔白等症状改善，可暂停。喝暖脾祛湿茶时，忌食海鲜、饮料等生冷食物，并注意腹部保暖，将发病诱因杀死在萌芽中。但如果你的舌苔黄腻、口渴、喜食冷饮，这是湿热的表现，就不能用这个茶包了。

此外，我们还可以按摩中脘穴、关元穴、足三里穴帮助脾胃运化，尤其中脘穴对缓解胃胀气有很好的效果，按揉时需柔中带刚、指下有力，按压时以酸胀感为佳，持续揉按一分钟即可缓解。

·雨水小彩蛋：数九未过，春捂秋冻需坚持·

雨水节气有它的特点，正所谓东风解冻，冰雪皆散而为水，化而为雨，故名雨水。此时南方地区进入了早春，北方地区开始冰雪解冻，总体来说气候还是比较阴冷，这时如果早早脱减衣物很容易冻感冒，甚至会诱发哮喘等疾病。最后提醒大家，无论室内暖气有多热，外出时仍应捂牢，如果在室内出汗浸湿了衣服也应及时更换衣物，切勿吹风或捂干。

我好虚啊，又感冒了

　　惊蛰，古时称启蛰，是二十四个节气中的第三个节气，亦是春季第三个节气，它的来临标志着仲春时节的开始，即春季的第二个月。所谓惊蛰，就是指天气回暖，春雷始鸣，惊醒蛰伏于地下冬眠的昆虫。昆虫入冬藏伏于土中，不饮不食，称为"蛰"。实际上，伏于土中的昆虫是听不到雷声的，地气渐暖才是使它们结束冬眠、探出小脑袋的原因。此时也是农人春耕大忙时节，因此我们也应该向昆虫学习，适时地休养生息。这样我们才能像农人手中的种子一样茁壮成长，在秋天迎来大丰收。

年轻人好虚

张 同 学：老师，听说你之前常常感冒咳嗽，一病就是一两个月？

小 中 医：是的，尤其遇到惊蛰这类气温波动较大的节气，换掉厚衣服就中招！每次中招的症状还特别雷同，一开始是身边有人感冒，接着我就被传染，出现鼻塞、流涕，过几天就开始咳嗽、痰多色黄、胸痛，严重的时候晚上还有些喘，最要命的是即使症状有好转，也要拖拖拉拉咳嗽、咳痰1个多月才会好。这其实就是因为工作忙、休息时间不够导致的，外加在医院这个病毒交错的大环境，致使发病诱因增多，最后就总是感冒、急性支气管炎反复发作。

现在的年轻人经常说自己好虚，这其实是抵抗力下降的表现。以前我们总认为自己年轻力壮、身体健康，但现在工作强度大、压力大，年轻人总是熬夜加班，导致没有充足的休息时间，久而久之消耗了自身的元气，革命的本钱没有了，抵抗力自然就下降了。

如果再遇到季节变化，身处细菌、病毒比较多的医疗环境等，就增加了我们得病的风险。基于这两点，我们需要加强卫气的功能，就可以降低生病的概率。而说到眼下的惊蛰节气，虽然数九寒冬的"九九"已经结束，气温有所回升，桃花盛开，但由于冷暖空气交替且气温波动甚大，所以在惊蛰节气时，风寒还是很容易趁大家穿脱衣物时伤及肌表，引起感冒、咳嗽等。

卫气，我们的人体盾牌

张 同 学：卫气是什么？如何才能拥有它？

小 中 医：卫气是阳气的一种，像一个盾牌布散在我们全身，将细菌、病毒拒之门外，保护我们机体。它的形成主要和三个脏腑相关，也与我们人体先天之本和后天培养有关。

第一个脏腑一定是肺。因为肺主皮毛，顾名思义，皮毛就是我们的皮肤和附着其上的毫毛，皮肤上布满了汗孔，热的时候汗孔打开排汗降温，冷的时候汗孔收缩，不让冷风吹进我们的身体。所以皮毛具有防御外邪、调节体温等功能。如果卫气虚弱则容易受到风、寒、暑、湿等外邪的侵袭而发病。另外，肺开窍于鼻，意思是肺通过鼻、气道、喉与外界相通。因此，无论外邪是从口鼻而入，还是侵犯皮毛，肺最易受到影响，出现发热、怕冷、咳嗽、鼻塞等肺卫功能失调证候。

第二个脏腑是脾胃。它和肺共同生成后天的宗气。我们平日听到一个人说话声音洪亮，经常会形容他说"宗气十足"。宗气是人体后天形成的，由肺与脾胃共同生成。肺通过呼吸运动，把自然界的清气吸入人体，而脾胃通过消化吸收功能，把饮食变成水谷精气，上输于肺，共同促进宗气的生成。所以"宗气十足"的人呼吸、消化功能也一定不错。如果脾胃的功能受损，运化水湿的环节出现障碍，必然导致水液在体内停滞而产生痰饮等病理产物，出现咳嗽、咳痰的症状。

第三个脏腑是肾。肾是先天元气所在的位置，是我们前面提到的革命本钱，卫气则是肾中阳气的一部分，又有卫阳之称。如果我们过于疲劳，总是熬夜，就会损伤肾气，这也是导致机体抵抗力下降的原因之一。基于对这些脏腑的调理，平时可煮一款茶包来增强抵抗力。

固表止咳茶

黄芪 4g，生白术 4g，防风 4g，北沙参 3g，山药 4g，黄精 3g，橘红 3g。

固表止咳茶（代表中药：黄芪）

　　固表止咳茶包灵感来源于《丁甘仁用药一百一十三法》中的扶正达邪法，适用于平日的调养，如乏力怕风、易感冒、喜欢卧床休息，或者出现感冒、咳嗽后数日至数月仍不能缓解之人。固表止咳茶中黄芪、生白术、山药、黄精的口感甘甜，防风、北沙参、橘红甘苦中带着一丝辛香。对于与人体卫气密切相关的肺、脾、肾三脏，北沙参养阴清肺，山药补脾健胃，黄精益肾养阴，共同为卫气的构成打下基础。黄芪、生白术、防风为一首经典中药方剂——玉屏风散，主治虚人腠理不固，易感风邪，就好似一张大大的屏风为人体遮挡虚邪贼风。橘红是陈皮的一部分，是新鲜的橘皮去掉内部白色部分后晒干制成，相比陈皮性更加燥，所以平时夜间盗汗、手足心热的阴虚之人不适宜多用。

　　我们可用电子炖锅把固表止咳茶炖一炖，以便充分发挥它的有效成分，每天建议喝 1 ～ 2 杯。如果喝了 1 ～ 2 周后，咳嗽、怕风、乏力等症状改善，可以暂停。喝固表止咳茶时，尽量避免或者减少饮用甜味饮料、牛奶等容易生痰的饮品和食物。另外，惊蛰时节气候比较干燥，人们很容易感到口干舌燥，而梨有养阴生津、润肺化痰的效果，因此，有惊蛰吃梨的风俗流传于民间，我们可以在这个时节把梨作为优先食用的水果。

　　需要注意的是，在感冒发作、咳嗽咳痰、发热等症状明显时请勿饮用此茶包，避免"闭门留寇"，把坏东西锁在体内加重病情。我们还可以按摩风池穴、气海穴、足三里穴帮助扶正固表，加固人体"盾牌"。

～～～～～～～～～～～～～～～～～～～～～～～～

·惊蛰小彩蛋：人生那么长，稍稍停一下吧·

世界的发展瞬息万变，年轻人的压力与日俱增，无论是生活还是工作，都有一座座大山层层压在肩上，所以年轻人在不停透支自己的身体，把身体作为拼搏的资本不断消耗，年轻人发生猝死的事件也逐渐增多。所以即使再忙，我们也尽量忙中偷闲，比如中午打个20分钟的小盹，或是熬夜后避免剧烈运动，让身体也稍稍停一下吧。

爱生气与睡不着

春分，是二十四个节气中的第四个节气，也是春季第四个节气，在天文学上有重要意义。春分这天，太阳直射地球赤道，昼夜几乎相等。因此，春分的"分"有两层含义：一是指昼夜平分，白天黑夜各为 12 小时，此后北半球开始昼长夜短；二是指季节平分，古时以立春至立夏为春季，春分正好在春季 3 个月之中平分了春季。春分后，气候逐渐温和，雨水充沛，很多人在季节交替时期，尤其是节气时分都会有些身体的反应。这是因为我们的机体会随着自然界的变化来调整自己，调节好了就适应了这个环境，调节不好就会出现很多症状。

肝好，心情就好

王 小 姐：春分一到，原本很淡定的情绪怎么有些躁动，
　　　　　就连平时爱睡的懒觉都不香了，天一亮就迷迷
　　　　　糊糊醒了过来。

小 中 医：我们先来说情绪的问题。春分节气的特点是气
　　　　　温逐渐升高，此时气候温和，雨水充沛，阳光

明媚。这个自然特性会激发人体肝气升发，容易导致肝阳升发过度，肝阴不足，阴阳失调造成肝气郁结的状态。民间常说："油菜花开，精神病发。"这也是老百姓对于这个季节情志活动的一个观察总结，说明在春季肝脏疏泄功能失常导致的情绪问题尤其突出。

王 小 姐：那就是肝功能出问题了？

小 中 医：中医学的肝和西医学的肝有所不同，并非靠化验指标来判断，而是通过人体的症状表现来反映它的功能。中医讲肝脏有一个最重要的功能——疏泄，指肝具有疏通、舒畅、条达以保持机体气机疏通畅达、通而不滞、散而不郁的作用，因此在春分有"吃春菜"的习俗。老百姓会在这个时节吃些香椿芽、菠菜、豆芽、春笋、韭菜等，这些"春菜"具有发散的功效，可以帮助肝气升发。

肝的疏泄失常有两种情况：一是疏泄太过，则肝阳上亢，会出现烦躁易怒、头胀、头痛、面红目赤等症状；另一方面是疏泄不足，则肝郁气滞，表现为抑郁寡欢、多愁善虑等。所以肝的疏泄功能失常与情志异常往往互为因果。肝失疏泄导致的情志异常称为因郁致病，而情志异常导致的肝失疏泄称为因病致郁。

没心事，就睡得香了

王 小 姐：我一生气就会胡思乱想，夜晚在床上翻来覆去睡不着，脑子里都是白天发生的不愉快的事情，这也和肝有关吗？

小 中 医：是的！这种失眠不只是肝功能失调，也会殃及心功能。我们说心主神志，肝能调畅情志。它俩像一对好兄弟，肝哥哥负责开道铺路，保证疏泄的道路通畅，心弟弟负责开车运送物资，保证生化阴血原料充足。兄弟俩配合默契，机体才能精神饱满、情志舒畅，但凡它俩有一个掉链子，就容易出现失眠多梦了。

遇到情绪波动导致的失眠，可以来个调肝助眠茶包，如同前文所说，无论是开水冲泡、养生壶烹煮，还是电子炖锅随心炖都是非常便捷的。

调肝助眠茶

柴胡 3g，淮小麦 4g，炙甘草 3g，大枣 2 枚，合欢花 3g，酸枣仁 4g，玫瑰花 4g。

调肝助眠茶（代表中药：酸枣仁）

调肝助眠茶包灵感来源于《丁甘仁用药一百一十三法》中的柔肝畅中法，适用于情绪紧张或些许郁闷，平日烦躁，生气后胸胁部胀满不适，夜间难以入睡者。

调肝助眠茶细细嗅来有点合欢花、大枣、淮小麦、炙甘草的甘甜，又带着些许柴胡的辛散，酸枣仁微酸入鼻，茶香四溢周身，仿佛置身春天的微风中，让人气凝神安。茶中柴胡、合欢花、玫瑰花皆可疏肝解郁，调节情绪不畅，改善生气后胸胁部胀满不适。淮小麦、炙甘草、大枣是一个治疗脏躁的经典名方，名为甘麦大枣汤。脏躁的主要症状可见精神恍惚、时而悲伤欲哭不能控制、心中烦乱、睡眠不安等，多见于西医的癔病、围绝经期综合征、神经衰弱等病症。甘麦大枣汤药味虽轻，却有四两拨千斤之效。酸枣仁是一味很有特色的安神药，具有养心补肝、宁心安神的功效。它通体呈枣红色，表面光滑圆润如赤豆般大小，整体呈扁圆状，由于酸枣仁外壳略硬，因此在烹煮前要将其砸碎，露出白色的枣仁后才能释放出有效成分，取得最佳的疗效。

调肝助眠茶包可泡、可煮，每天建议喝 1～2 杯，如果喝了 1～2 周后，烦躁易怒、敏感善哭、心情沮丧、胁肋胀满、难以入睡、睡后易醒等症状改善，就可以停一停。喝调肝助眠茶时，咖啡、牛奶、饮料都可以喝，但如果这些物质会引起你失眠症状加重，那请暂停饮用。

喝调肝助眠茶的同时还可以按摩太冲穴、三阴交穴、足三里穴，起到疏肝理气、宁心安神的作用。

·春分小彩蛋：一起出去走走吧·

当你有易怒、焦虑等不良情绪时，可能很难自我消化掉，甚至出现症状加重。所以此时可以顺着情志的规律来调整自我，生气时大哭一场，焦虑时大喊几声。正如春天雷声的阳气在奋力冲破阴气的阻扰，隆隆有声。我们也应当冲出阴霾，走进人群，走进大自然，与亲人好友攀谈，与花草树木亲近。俗话说"春分刮大风，刮到四月中"，此时约上三五好友去郊外，放风筝、野餐，享受广阔的天地带来的舒畅感吧！

飞絮季，谁来拯救我的鼻子

清明，是二十四节气中的第五个节气，也是春季的第五个节气，《历书》云："时万物皆洁齐而清明，盖时当气清景明，万物皆显，因此得名。"这个时节自然界生机勃勃，人们也纷纷踏上扫墓祭祖之路。我国幅员辽阔，相同节气的气候在不同地区有一些差异。在我国南方地区，清明时期气候清爽温暖，而北方地区此时开始断雪，气温快速回升，雨水稀少又干燥多风，是一年中沙尘天气较多的时段。因此，每年4月起，总有两位主角登场，随风漫天纷飞，铺满道路，它们或在天上，或在地上，或在你的头发上甚至鼻孔里，可就不在树上。是的，它们就是南方代表，来自法国梧桐的果毛——梧桐絮，以及北方代表，来自柳树的种子——柳絮。

抵抗力"练练"就有了吗

姐　　姐：快快快！起风了，赶紧关纱窗，千万别开门！阿嚏！

小 中 医：柳絮质地轻，随风一飘就漫天飞舞，像白色的毛毛虫让人防不胜防。正所谓"梨花淡白柳深青，柳絮飞时花满城"，看着挺浪漫，遇到了可真要命啊。飞絮对过敏体质的人太不友好，每年这个季节轻则鼻塞、喷嚏连天，重则皮肤瘙痒、哮喘发作，有时真希望天天下雨，挫挫它们的锐气。

姐　　姐：过敏体质的人是不是多接触这些飞絮，"练练"抵抗力，以后就会好了？

小中医：恰恰相反。这可不是通过加大过敏原的量就能锻炼出来的。其实并不是只有飞絮才会引起机体过敏反应，花粉、螨虫、粉尘、毛屑、特殊气味等都是常见的过敏原，甚至有些人对牛奶、花生之类的食物都过敏。过敏原是引发过敏反应的诱因，所谓治病求本，缓解过敏症状的第一步是减少对过敏原的接触。中医强调"正气存内，邪不可干"，此时，正气是抵抗力，邪气就是过敏原，所以改善过敏情况既需要锻炼身体，增强自身素质，也要避免受到过敏原的侵袭。

鼻子和肺

姐　　姐：为何大家遇到飞絮时大多表现为鼻塞流涕、鼻痒、打喷嚏、咽痒、咳嗽、皮疹瘙痒等症状？

小 中 医： 《灵枢·脉度》中有"肺气通于鼻，肺和则鼻能知香臭矣"。意思是肺开窍于鼻，通过鼻与自然界相通，鼻的通气和嗅觉的功能又主要依赖于肺气的作用，肺气调和则呼吸通利，嗅觉才能正常运作。如果外邪由口鼻而入，可导致肺气不宣，见鼻塞流涕、嗅觉不灵等症状。清明节气仍处于春季，此时外界风邪较甚，容易侵袭肌表，蓄积于肌肤，因此可见皮疹瘙痒，时起时伏，发无定处。

我知道有一味药食两用的草药，也是清明时节的主角——青艾草。清明节青团中的"青"色便是来源于青艾草汁，它全草可入药，有祛湿、散寒、消炎、平喘、止咳、抗过敏等作用。不过干燥后入药的艾叶药性较温燥，暂不适合用在此处，所以我们通过一款茶包来改善鼻塞、咽痒的症状。

鼻炎轻窍茶

辛夷 2g，大豆黄卷 2g，薄荷 2g，杏仁 3g，桔梗 2g，薏苡仁 4g。

鼻炎轻窍茶（代表中药：辛夷）

鼻炎轻窍茶包灵感来源于《丁甘仁用药一百一十三法》中的辛凉疏解法，适用于受外界刺激后容易鼻塞、咽痒、打喷嚏的朋友。

鼻炎轻窍茶中辛夷为治疗鼻塞的主要成分。它是玉兰花的干燥花蕾，因为形似毛笔头，故而又名木笔花，有很好的通鼻窍功效，尤其适合冷风刺激诱发的鼻炎。大豆黄卷为丁氏内科特色用药，又名清水豆卷，是大豆的种子发芽后晒干，再经炮制而成的产物，具有清热解表的功效。薄荷为药食两用之材，口感甘淡清香。清明时节气温快速回升，雨水稀少，干燥又多风，容易受到温燥之邪的干扰，薄荷便是取其疏散风热之效，配合大豆黄卷共同抵御外邪的干扰。杏仁与桔梗是一对升降肺气的好搭档，桔梗以升为主，杏仁以降为主，二药协同为用，宣通肺气，升清降浊，可改善咽痒咳嗽、气喘不适。薏苡仁是我们常用的药食两用食材，无论是煮粥、煲汤、做甜羹都是可口又健脾的好材料。此处薏苡仁助力健脾益肺，帮助缓解肺系症状。

鼻炎轻窍茶包的材料性质非常轻灵，建议以闷泡为主，养生壶烹煮至微微烧开即可，不建议使用炖锅，久炖容易使茶包的有效成分过度挥发，其疗效大大减弱。每天建议冲泡 1 ~ 2 杯，如果鼻塞症状有明显改善可继续服用到易感季节结束。喝鼻炎轻窍茶时，需要避免接触自身明确的过敏原，并注意保暖，把发病的诱因杀死在萌芽中。

鼻塞时还可以按摩迎香穴、鼻通穴（上迎香穴）、攒竹穴，起到通鼻开窍的作用，按揉时需柔中带刚，指下有力，以自觉按压时酸胀、流泪为佳。

·清明小彩蛋：收好这份飞絮防护指南·

清明节气，阳光明媚、草木萌动。清明节与清明节气在同一天，既是节气又是节日的，也只有清明。这既是一个扫墓祭祖的肃穆节日，也是人们踏青游玩的欢乐节日。此时的天气北方干燥少雨，南方湿润多雨，但整体的气候偏于干燥，飞絮大量飘散。无论你对飞絮是否过敏都应做好防护，减少鼻塞、打喷嚏、咽痒等不适症状的发生。频繁发作鼻炎的朋友，可每日使用生理盐水冲洗鼻腔，清洁鼻腔内残留的柳絮等致敏颗粒。飞絮接触眼部或肢体皮肤后，请勿揉眼及反复搔抓，可予温水擦拭、冰敷缓解瘙痒不适。如发生严重过敏现象请及时就医。

胸中垒块，大「橘」当前

　　谷雨，是二十四节气中的第六个节气，也是春季的最后一个节气，意为"雨生百谷"。俗话说"清明断雪，谷雨断霜"，时值春夏相交，气温升高加快，降雨量增加。此时机体的肝脾功能正处于旺盛时期，有一类特殊人群会反复出现不适症状。她们烦躁易怒，经前期乳房胀痛明显，胸口、胁肋部胀满，有的还会出现口苦，喉间有少量黏痰。看到这里，你是不是发现和自己的症状很类似？我猜你应该是一位中青年女性，对吗？

气球要炸了

小　　美：马上要到经期了，胸部胀痛得好像有两个吹满气的气球，一碰就要爆炸了！

小 中 医：中青年女性最常见的是乳房小叶增生，每次月经前会有明显胀痛，伴有情绪烦躁，月经一来症状明显缓解。这就是肝气郁结的表现，由于肝经脉络不通、经气不利，出现胸胁胀满的症状，郁结日久化火，可出现口苦、情志抑郁或易怒等症状。简单说来，经络像一条条公路遍布在人体周身，每条"公路"上有很多个穴位，类似休息站，大家开车累了就聚集在这里休息。这些经络"公路"有些从胸口通往手指，有些从面部沿着腹部通往脚趾，我们体内的气血就沿着"公路"被送到人体的各个角落。比如足厥阴肝经，起始于足大趾，沿足背内侧向上至膝盖内侧，再沿大腿内侧环绕过生殖器，到达小腹，夹胃两旁，至肝胆，然后向上通过横膈，分布于胁肋部，环绕乳房，最后向上经前额到达头顶。如果一路肝气条达，公路上的车像加满了油一路向前；如果肝脏功能失调，肝气郁结，行驶的车辆就发生了故障，只能进入各个休息区修养，车多为患，造成拥堵，即使想要驶出休息区也非常困难。这条肝经又路过乳房、胁肋部，所以肝气一旦堵塞，胸部会出现胀痛。

智商税你交过吗

小　　美：都说不通则痛，那我们是否可以去按摩店做乳腺按摩，把小叶增生推开呢？

小 中 医：万万不可！乳腺增生的发生与体内雌激素水平有关，月经前 10 天雌激素水平较高，可出现乳房疼痛，当月经快来时激素水平下降，这时疼痛会自行缓解。乳腺增生还有多种病理类型，常见之一是单纯性小叶增生，患者平时注意调整心态，释放压力，可逐渐缓解。如果反复按摩乳腺，频繁予以外界刺激，反而会导致乳腺内部发生病变。

类似的智商税还有卵巢保养。卵巢躲在我们的小肚子里，前后有膀胱和直肠做邻居，外面还有肉肉的肚皮保护免受攻击，甚至做 B 超时，需患者喝足了水，膀胱充盈后把肠道里的气挤开，医生才能看到卵巢。所以肚皮都渗透不了按摩精油、药物等成分，更何况是渗透到卵巢呢。所以养生不能只看到表象，不深究底层逻辑，治病求本才是硬道理啊。

消乳散结茶

橘络 3g，橘核 3g，陈皮 3g，橘叶 2g，大枣 2 枚。

消乳散结茶（代表中药：橘）

消乳散结茶包灵感来源于《丁甘仁用药一百一十三法》中的泄肝理气法，适用于烦躁易怒，工作压力大，经前期乳房胀痛明显，胸口、胁肋部胀满，或伴有口苦、喉间有少量黏痰的患者。

消乳散结茶非常特别，又名一只橘子茶。我们仔细看它的组成，是不是全部来自橘子？橘叶，顾名思义就是橘子的叶子，有疏肝行气、化痰消肿、治胁痛及乳痛的作用。陈皮是我们所熟知的橘子皮，其中以新会柑制成的陈皮为上品，且放得久了，其烈性和酸味会随着时间减少，陈香味逐渐增加，具有理气化痰的功效。谷雨节气前后，降雨量增多，湿气大，所以陈皮还有燥湿健脾的作用。橘络是果皮或果瓤上剥下的白色筋络。很多人觉得橘络有点苦，每次会把它剥得干干净净放在一边，单独吃橘肉。但是，橘络是一味治疗乳腺增生非常有效的良药，所以在这个茶包中我们把它放在了第一位。橘核就是我们平日吐掉的橘子籽，不小心咬开时还会尝到它略苦的味道。《本草纲目》提到橘核入足厥阴肝经，对缓解乳房胀痛有很好的疗效。由于一只橘子茶整体偏清苦，为了保护大家的脾胃和口感，此茶包还加入了大枣，可谓一举两得。

消乳散结茶包的材料性质非常轻灵，所以建议以冲泡为主，或用养生壶烹煮至微微烧开即可，不建议使用炖锅，久炖容易使茶包中的有效成分过度挥发，减弱疗效。每天建议冲泡 1 ~ 2 杯。需要注意的是，茶包确实可以缓解部分患者乳房胀痛的症状，但不是什么都能治，如果触摸到乳房存在肿块应该及时就医检查，以免耽误病情发生癌变。

常有乳房胀满、容易生气的女性们还可以按摩膻中穴、乳根穴、三阴交穴至酸胀略痛，切勿在乳房胀痛时揉捏乳房。

·谷雨小彩蛋：谷雨前后，其时适中·

清明至谷雨节气期间，最让大家心心念念的一定是那一口茶。明前茶是茶中的极品，雨前茶是茶中的上品。清明之时，用早熟的嫩芽茶尖能泡出香醇的好茶，但此时产出的茶量很少。谷雨之前，天气越来越暖和，茶树芽叶生长速度快了很多，积累的内容物质也日益丰富，因此雨前茶往往滋味鲜浓醇厚。如果你平时喜欢冲泡茶叶，但又有乳腺增生的烦恼，想要来一杯消乳散结茶，那也是不冲突的。比如我们可以在月经来潮前 10 天左右开始冲泡消乳散结茶缓解症状，其余时间来一杯香浓的绿茶，品茶散结两不误。

熬最深的夜，养朋克的生

　　立夏，是二十四个节气中的第七个节气，也是夏季的第一个节气。与立春一样，"立"表示开始，此时的光照充足、温度适宜、雨水充沛，很适宜植物的生长，因此万物繁茂始于立夏。立夏时节风暖昼长，人们夜卧早起，顺应自然的变化。不过，时下却有一波朋克养生风潮正在兴起。追求朋克养生风潮的人们一边熬着最深的夜，一边寻求"速食"养生大法，一边喝着阿胶奶茶这类"养生饮品"，一边又试图减轻透支健康带来的负罪感。而在这看似矛盾的背后，却有着这代年轻人真实的苦楚。

我好像和以前不同了

小　　李：20岁时我熬夜打游戏，30岁时我熬夜加班，
　　　　　可为什么身体感觉不一样呢？

小 中 医：是不是以前打游戏，一打打一宿，早晨下机后
　　　　　还能出去吃个早餐，舒舒服服回家睡觉，而现
　　　　　在，熬夜加班到凌晨1点就开始出现心悸、反
　　　　　应迟钝，凌晨2点脚下踏风、面部潮红、腰酸
　　　　　背痛，整个人超级阴冷？

小　　李：没错！是不是太虚了？

小 中 医：是的，这是长期熬夜耗伤阴血造成的。长期熬夜的人还会出现脸色暗沉、唇色淡白，看着没什么血色的样子。时间久了还会引起心肾不交的症状。比如心和肾一起跑步，原本两者跑得一样快，结果肾因为熬夜太多虚到不行，速度逐渐慢了下来。此时的心虽保持原有速度，但由于肾跑得慢了反而显得心跑太快，于是出现了心悸、心烦、耳鸣腰酸、乏力眩晕等症状，严重者可导致心律失常，甚至猝死。

小　　李：难怪大家都说我脸色暗黄暗黄的。但现在立夏了，在夏天讲究夜卧早起，那是不是我熬夜了，状态还会变好一些？

小 中 医：夜卧早起的意思并不是熬夜，而是夏季的节气较冬季的节气来说，天黑的时间明显变晚，所以入睡的时间也相对晚了。比如冬天8点就早早上床，到了夏天可以延长到10点。

熬夜上瘾，午睡保底

小　　李：那如果我中午午睡一会呢，能不能缓解熬夜带来的不适。

小 中 医：中医学认为"春养肝，夏养心，秋养肺，冬养肾，一年四季养脾"。立夏是夏季的开始，按照春生、夏长、秋收、冬藏的特性，此时心阳像农作物般开始繁茂生长。中午 11 ~ 13 点，午时气血流注于心经，如果此时能有一小段午睡时间，心血、心阳都能被滋养，达到养心安神的效果。凌晨 1 ~ 3 点，丑时气血流注于肝经，肝藏血，肝配合着心互相运作，保持了人体气血运行的流畅。如果我们熬夜耗伤了肝阴，那午睡至少能滋养心阳，让这对好兄弟不至于全军覆没。但时间久了，肝阴好比储存粮食的仓库，心阳好比运送粮食的车，任凭车再好仓库里没有粮食也是白搭。

小 　 李：午睡我可以保证 10 分钟，但不熬夜实在做不到，话说你们医生也要上夜班，那有什么改善的秘籍吗？

小 中 医：说到熬夜我们确实惭愧，一边在指导患者养成良好的生活作息，一边自己又极度透支身体，所以我们也是朋克养生的追随者。为了补一补，我会在夜班时泡一杯熬夜茶，让自己不至于透支过度。

熬夜茶

党参 4g，桑椹 4g，龙眼肉 6g，莲子肉 6g，大枣 2 枚。

熬夜茶（代表中药：党参）

熬夜茶包灵感来源于《丁甘仁用药一百一十三法》中的养血柔肝法，适用于乏力、心悸、反应迟钝、面部潮红发烫、腰酸怕冷之人。

我们前面说到，肝好比储存粮食的仓库，心好比运送粮食的车，这些粮食是哪里生产的呢？答案是脾。脾为气血生化之源，因此在我的熬夜茶中不但要顾及心肝，还要顾及脾的生化能力。党参、大枣可以健脾益气，促进我们的粮食有效生产；桑椹可补肝肾、滋阴养血，让我们的粮仓牢固耐用；龙眼肉就是桂圆肉，是最常见的南北干货之一，由新鲜龙眼晒干后制成。龙眼肉补益心脾，莲子肉健脾养心，两者既能帮助粮食的生产，又能辅助运送，由于口感甘甜，也是我们日常煮粥煲汤的好食材。

如果喜欢吃龙眼肉，可以适当多放两颗，但不可过多，因为茶包的配比是依据阴阳平衡的比例配置的。如果过度放大一味药材的剂量，势必导致效果不佳，比如性味过热会引起口舌生疮，性味过凉会引起腹痛、腹泻等。熬夜茶的性味偏甘温，对性格暴躁、口气臭秽、口舌生疮的湿热之人是不适合的。

熬夜茶是不是就只能在熬夜时喝呢？熬夜时肯定能喝，但平日也可以作为代茶饮，毕竟养生茶不同于中药汤剂，浓度和剂量差很多，平日代茶饮可以增加它的效用。我们可以将它们用开水闷泡于保温杯中，或者直接放入养生壶煮沸后喝。

熬夜疲劳时，我们还可以敲打足三里穴、肾俞穴、涌泉穴，或是在晚上用热水泡脚，也是缓解疲劳好的方法。

·立夏小彩蛋：立夏蛋，满街甩·

立夏这天，大人们总会编织一个色彩鲜艳的网兜，装上一颗白煮蛋挂在孩子胸前，孩子们聚在一起玩起了"斗蛋"的游戏。游戏规则很简单，大家用自己白煮蛋较尖的一头互相碰撞，被撞碎的一方认输，需要把蛋吃掉，而最后获胜的那个小朋友则被尊称为"蛋王"。立夏斗蛋民间有说法："立夏胸挂蛋，小人痒夏难。"意思是进入夏季的节气后，随着气温的上升会让老幼体弱之人容易沾染到暑气，出现食欲不振、心烦、乏力之类的挂夏症状，而鸡蛋是一种简单清淡的食材，配合有趣的游戏能让孩子们更愿意进食，补充营养。

心烦意乱为哪般

　　小满，是二十四节气中的第八个节气，也是夏季的第二个节气。小满的"满"有两层含义：一为南方降雨增多，民谚云"小满小满，江河渐满"；二为北方小麦饱满，《月令七十二候集解》云："四月中，小满者，物至于此小得盈满。"春去夏来，转眼到了窗外一片绿意盎然的时节，天气已然开始变得炎热，但不知为何心里莫名又烦躁了起来。有时好像突然喝了一大桶咖啡，心脏突突地跳个不停，有时又好像那句歌词："我的心太乱，要一些空白。"这到底是为了哪般，心也要"满"出来了？

心要跳到嗓子眼了

小　　优：我最近总是心烦意乱，工作上遇到小小的问题，都会觉得好烦。

小 中 医：这和天气转热有关系，小满是夏季的第二个节气，正值 5 月下旬，天气渐趋炎热，有时候没有适应气温变化的我们，会被突如其来的高温搞得心浮气躁，情绪波动很大。很多人会偶尔心跳加速，好像心都快跳到嗓子外面了，但号脉时并没有心律不齐的问题。所以来到小满这个节气时，要注意通风降温，也要注意控

制自己的情绪，心态平和，适应气候变化。尤其是患
有心脑血管等基础疾病的老年人，剧烈的情绪波动容
易诱发心脑血管疾病。

小　　优：听说很多人是由于心律不齐引起的心慌，如何判断有
没有心律不齐呢？

小 中 医：心律不齐就是心律失常，最简单的方法是给自己把个
脉，虽然你感觉不出许多门道，但是可以大致感觉到
脉搏跳动整齐与否。如果你长期有心悸、胸闷不适，
建议去医院做一个 24 小时动态心电图检查，可准确
知道是否发生心律失常，以及心律失常的类型和严重
程度。

神秘的号脉

小　　优：中医号脉太神奇了，到底是什么原理呢？

小 中 医：中医号脉又叫脉诊，是通过不同的脉象诊断疾病，脉
象的形成与心脏的搏动、脉道的通利和气血的盈亏有
密切的关系。医生号脉的部位通常是在靠近大拇指这
边的手腕处，这里是桡动脉通行的地方，中医又叫寸
口。号脉时，医生食指、中指和无名指放的位置分别
叫寸、关、尺，代表不同的脏腑。古医书《难经》中
指出，左手的寸、关、尺分别代表心、肝、肾三脏，

右手的寸、关、尺代表肺、脾、命门三脏。除此之外，诊脉时还要体会脉象位置的深浅，意思是，医生手指按触脉搏的力度有轻有重，会随之出现不同的脉动之感，这样才能得出号脉的结果。一般来说可以从节律、力度、速度上组合出很多不同脉象。像你这样心慌的情况，我们主要从脉象的节律上来看是不是出了问题。正常脉象的节奏稳定且有规律，通过号脉我感觉到你的脉象节律是整齐的，但是比较洪大，像一条奔腾的大河洪水泛滥，滚滚而来，尤其是左手寸部较为明显，再加之心慌等症状，可初步诊断你的心太"热"啦。

最近算是入夏了，天气开始变得炎热起来。五行中，夏季属火，且对应心，此时心阳旺盛，如果气温突然升高，相当于在原本蠢蠢欲动的心火上"火上浇油"，导致出现心烦气躁症状。这就是心太热，我们称心火亢盛、心阴不足之证。单纯的心悸症状不用太紧张，如果出现心律失常、阵发性心动过速，可能对健康造成一定的影响，此时应及时就医。

小满节气容易出现心悸气躁症状，这里我们推荐一款养生茶包。

养阴清心茶

鲜石斛 4g，生栀子 2g，连翘 1g，鲜薄荷叶 2 片，甘草 2g，全莲子 2 枚。

养阴清心茶（代表中药：鲜石斛）

养阴清心茶包灵感来源于《丁甘仁用药一百一十三法》中的养阴清宣法。养阴清心茶如字面意思，兼顾了养阴和清心两方面，适用于心火亢盛、心阴不足者，表现为心烦意乱、心悸，遇到棘手的事情时会心跳加速。

有人会问：心里有火把火降了就好了，为什么要养阴？在中医学理论中，有虚证和实证之分。这就好比我们剪指甲，虚证就是指甲剪得过深，导致身体生病，要补、要养；而实证则是指甲长了，要清、要去。因为心热耗损心阴，所以养阴是把心缺少的水分也就是阴分补上，这样可以加强清心热的效果。其中鲜石斛是养阴的主药，可以益气养阴，就像给你已经干热的心里浇浇水，再配合栀子、连翘、全莲子的清心火作用，你的心很快就会没那么热了。另外甘草、鲜薄荷叶也具有清热效果，可以辅助其他药物，加强茶包清心火的作用，就像舞台上的歌手需要伴舞和群舞表演才能使舞台更加精彩。最后加上健脾化湿、甘甜可口的莲子肉，整个茶包的口感更加清淡宜人。

茶包中的全莲子是我们平时买回来的一整颗莲子，把它剥开，可以分离出白色的莲子肉和淡绿色的莲子心。莲子肉可以健脾，而莲子心比较寒凉，祛心火。大家可以每天开水泡喝 1~2 杯，持续 1~2 周，如有养生壶，可以煮开一下喝，效果会更好。但如果平时吃了冷食容易腹泻的人，不太适合本茶包，薄荷叶、莲子心、栀子、连翘性味比较寒凉，脾胃虚弱的人喝了可能会引起腹痛、腹胀，甚者腹泻。

当突然出现心烦、心慌时，可以按揉手臂上的内关穴、神门穴、合谷穴、通里穴、阴郄穴，以及下肢的三阴交穴、阴陵泉穴、太冲穴等，对缓解症状有所帮助。

⌒⌒⌒⌒⌒⌒⌒⌒⌒⌒⌒⌒⌒⌒⌒⌒⌒⌒⌒⌒⌒⌒⌒⌒⌒⌒

·小满小彩蛋：食苦菜·

除了心烦气躁，有时候在初夏季节，还会出现胃口减退等

"苦夏"的症状。所以我们除了在外环境上做到防暑降温，也可以从食物上来一个"防暑降温"。《周书》中有"小满之日苦菜秀"一说，意思是小满的时候，要吃苦菜。现在已经很少有苦菜这道菜肴了，不过，我们可以食用其他清热性凉的食物，如苦瓜、冬瓜、山药、黄瓜、绿豆、荸荠、鲫鱼、鸭肉等。饮食清凉、身心清凉，就是小满的养生法则。

芒种

打不起精神的夏天

芒种，是二十四节气的第九个节气，也是夏季的第三个节气。"芒"指的是如稻、麦等一类有芒的作物；而"种"，一为种子的"种"，一为播种的"种"。所以芒种是种植农作物的分界点，故民谚有"芒种不种，再种无用"之说。这个时节气温高、湿度大、雨量充沛，炎热潮湿的天气容易影响脏腑经络的运行，加之生活工作操劳，耗伤气血，很容易出现头晕、疲乏、食欲不佳的状况。

我好虚啊

小　　丽：最近天气一热，吃饭也没什么胃口，偶尔还乏力头晕，我好虚啊！

小 中 医：如果我们常觉得自己神疲乏力、头晕气短，可以归类在中医学"虚劳"的范畴。虚劳的概念很广，其发生可能与先天体质有关，或是大病久病，或由慢性消耗性疾病引发，比如贫血、月经期经量较多、恶性肿瘤等。这与我们的先天之本——肾关系密切。肾起到储藏人体精气的作用，可以滋养五脏，还参与血液的生成及机体的抗病能力，可以说是我们人体的中央银行。

芒种时潮湿的天气会阻碍脾胃运化的功能，也就是我们常说的消化吸收功能，导致我们身体气血生化之源，没有了让人振奋的能量。再加上气温升高容易出汗，人体的气就随着汗液排出体外，进一步加重了耗气的程度。脾五行属土，为我们的后天之本。相对肾，它就像是地方银行，与胃共同承担化生气血的重任，不断获取外界的营养。我们日常生活所需的能量皆由饮食而来，所以要改善你现在的状况首先需要从脾、胃、肾入手。

另外，现代人生活节奏不断加快，工作压力大，也容易因为烦劳过度引起肝郁脾虚。《素问·三部九候论》说："虚则补之。"强调虚劳的治疗上要以调补为主。当然，虚劳的病程一般较长，影响因素也较多，除了药物治疗之外，患者的饮食及生活方式的调摄也极其重要。

吃饭不要训话

小　　丽：我平日饮食荤素搭配，做饭也少盐、少糖，还有哪些方面可以再做调整呢？

小 中 医：这些饮食习惯非常好，《脾胃论·脾胃盛衰论》中说："百病皆由脾胃衰而生也。"所以饮食的调养非常重要，除了注意饮食营养之外，还要做到不暴饮暴食，不过度饮酒，少食生冷，按时进餐，不带着情绪吃饭。这样才不会影响脾胃的功能。

另外要注意压力的疏解。压力在我们生活、学习、工作中无处不在，过多的压力得不到疏解会影响到我们肝主疏泄的功能。肝脏就像春天的树，主升、主动，对我们体内气的运动起着调节作用，且容易受到压力的影响。肝在五行中属木，肝木克制脾土，如果情绪不佳，不但肝主疏泄的功能失常，还会影响脾胃对食物的消化、吸收，容易出现烦躁、食欲差、疲倦乏力等症状，长此以往就会导致虚劳。比如很多大人喜欢在吃饭时对孩子训话，导致一段时间后孩子胃口明显下降，人也面黄肌瘦的。可想而知情绪对脾胃造成了多大的影响。

虚有很多种类型，阴虚、阳虚、气虚、血虚等，不同的虚证补益的方法也不同，所以这里为大家准备了一份质地平和的补虚茶包，希望在芒种时节埋下健康的种子，在日后收获强健的身体。

参枣补虚茶

西洋参 3g，大枣 3 枚，薏苡仁 4g，佛手 3g，蜂蜜适量。

参枣补虚茶（代表中药：西洋参）

参枣补虚茶灵感来源于《丁甘仁用药一百一十三法》中的培土生金法，适用于乏力懒言、食少腹胀或汗出较多、胃口不佳、乏力头晕的人群。

西洋参主产于美国、加拿大，我国多为栽培。西洋参性凉而补，与我们常用的人参、黄芪温补不同，此处选用西洋参主要考虑天气炎热，不宜过度使用温补之法。当然如果胃口不佳、疲倦乏力较为严重，又有大便次数多、大便不成形的状况，可以用党参来代替西洋参。党参味甘性平，可以提高机体抵抗力，调整胃肠运动，《本草从新》记载其"主补中益气，和脾胃，除烦渴"。可以根据症状的轻重进行调整。大枣维生素含量非常高，有健脾养胃益血的功效，对身体虚弱的人群尤其适宜。芒种时节气温高、湿度大，选用药食两用的薏苡仁配合西洋参、大枣。薏苡仁甘可补益，淡能祛湿，性微寒，尤其适合炎热的天气，且薏苡仁入脾经，药力缓和，适合长期服用。佛手气味清香，虽然性味上辛苦温，但不燥烈，仍属平和之药。炎热的天气容易使人烦躁，导致肝疏泄功能的失常，用佛手一可疏肝，二能和胃，配合薏苡仁可更好地缓解食欲不振、消化不良的状况。

参枣补虚茶可直接放入茶杯中用热水冲泡，分多次服用。或放入电子炖锅中炖煮半小时，放凉后每日服用 1～2 杯。服用时可以根据个人喜好加入适量蜂蜜，除了口感更好之外，也能进一步加强补虚的效果。本茶包适宜大部分人群，但糖尿病患者往往需要减少大枣和蜂蜜的用量。

针对虚劳的症状，我们可按压足三里穴、三阴交穴等穴位，以感到略微酸胀为度；也可艾灸足三里穴、关元穴、气海穴、中脘穴等穴位。

· 芒种小彩蛋：煮梅 ·

芒种时期高温潮湿，我们应当要修养身心，饮食应以清淡为主，少盐少油，少吃肉，多食蔬果。要特别注意补充足够水分，注意保持精神放松，不要恼怒忧郁。芒种时节也是梅子成熟的季节，煮梅是南方流行的传统习俗，早在三国时期就有"青梅煮酒论英雄"的典故。新鲜青梅一般味道酸涩，需经过煮方能食用。青梅有敛肺生津、清热解毒的作用，现代医学研究也表明青梅可以调节胃肠功能，促进唾液腺分泌，所以芒种是食梅的好时节。

夏至梅雨纷纷，带下湿热腾腾

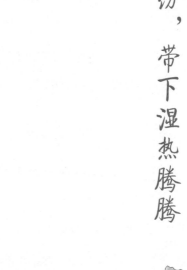

　　夏至，是二十四节气中的第十个节气，也是夏季的第四个节气。夏至这天白昼时间达到最长，"夏至一阴生，是以天时渐短"，此时阳气蓄积到极致而阴气逐渐生长。到了夏至时节，气温高、湿度大，不时出现雷阵雨，江南地区的梅子也成熟了，因而此时段被称作梅雨季。由于气候湿热，器物容易发霉，南方的居民又称这段时节为霉雨季。

一条重要的小裤裤

王 小 姐：梅雨季时衣服总是干不透，穿在身上潮潮的，感觉人都要发霉了。

小 中 医：梅雨季时气候湿热，空气湿度大，水分不易蒸发，晾晒的衣物总有潮湿黏腻感，偶尔还会散发湿臭味。由于条件限制，有些人不得不把潮湿的衣裤直接穿上身，时间久了便会出现皮肤瘙痒、湿疹等。这些只是表面问题，涂些药膏、保持皮肤干燥很快会缓解。但如果穿上潮湿的内裤，就容易滋生细菌，引起外阴瘙痒，白带增多、色黄、臭秽等异常症状。

王 小 姐：那以后如果内裤没有干透，我就穿一次性内裤。

小 中 医：如果内裤没干透，可以用烘干机或者电吹风吹干，应急可以选用棉质的一次性内裤，但不建议长期穿。此外，对于女性朋友，内裤不宜过紧，避免长期使用护垫、卫生巾，以及经期久坐，长期不换卫生巾。如果不注意私密处的透气卫生，非常容易引起外阴炎、白带异常等妇科疾病。

带下异常，内忧外患

王 小 姐：说到带下问题，每年到了梅雨季节我总会有私密处瘙痒、白带增多甚至发黄的症状，在医院做白带检查也没发现什么问题。

小 中 医：白带异常有生理性和病理性之分，如果白带常规等妇科检查提示未见异常，可以考虑生理性变化引起等。

首先我们要知道，正常女子自青春期开始，先天肾气充盛，后天脾气健运，任脉通调，带脉健固，阴道内就会出现白带。正常的白带像是有个水龙头控制，量少质微黏，其色白或无色透明、无臭，正如《沈氏女科辑要》引王孟英说:"带下,女子生而即有,津津常润,本非病也。"但当机体遭遇到"内忧外患"时,会导致带下发生变化。

"外患"是指像夏至这样的时节,热量仍在积蓄中,虽还未到"炎热"的三伏天,但此时气压低、阵雨不断,导致暑热夹湿,人们总是会有微汗、黏腻感、闷热不适。此时,人们多偏爱空调房、喝冰水、吃冷饮,久而久之寒凉食物损伤脾胃,造成脾胃运化功能失常的"内忧"。此时控制带下的"水龙头"拧不紧,带脉纵弛不能约束经脉,便出现带下量多、腹部怕冷等症状。在"内忧外患"双重压力下,暑湿下注,蒸腾津液,便出现带下多而色见微黄、会阴部瘙痒症状。针对"内忧外患",建议大家可以煮一款富含米香的茶包来解决问题。

祛湿止带茶

炒白术 6g，薏苡仁 6g，苍术 4g，白果 4 颗，陈皮 3g。

祛湿止带茶（代表中药：白果）

祛湿止带茶包灵感来源于《丁甘仁用药一百一十三法》中的扶土化湿法，适用于脾虚带下多、色白或微黄、质地黏稠，私密处闷热瘙痒的人。

炒白术是将麸皮撒入热锅后加入生白术片，炒至焦黄色、溢出焦香气而成。炒白术健脾效果好，是益气健脾、燥湿利水的良药，可以控制带下"水龙头"，从而改善带下量多质黏稠的症状。在前面雨水节气也提到，薏苡仁不但能配合炒白术加强健脾功效，还可达到利水祛湿效果，一举两得。陈皮和苍术的性味偏燥，两者合用起到健脾燥湿效果，如同给我们的身体扔了两包干燥剂一样。白果是银杏的果实，除了有敛肺止咳功效，还是收敛白带的好手，因此在泡饮祛湿止带茶后，建议嚼服白果，效果更佳。

很多人喜欢白果黏糯的口感，经常炒香后当点心吃，但白果中含有氢氰酸、白果二酚、白果酸等有毒物质，过量食用刺激消化系统、中枢神经系统等，可能引起呕吐、腹痛、腹泻、头晕等症状，因此体弱的人需要慎重服用。

平时女性可以按摩带脉穴、三阴交穴调理，按摩时以穴位局部有酸胀微疼为度，左右两侧各按揉 1～3 分钟，可多次按揉。需要强调的是，如果出现带下臭秽或带血、质地污秽时，一定要及时就医，以防耽误病情。

〰〰〰〰〰〰〰〰〰〰〰〰〰〰〰〰〰

·夏至小彩蛋：出汗要适量·

当下年轻人非常注重运动，尤其在夏季，认为是锻炼出汗减肥的好时节，还有不少人认为出汗可以祛湿排毒，有利健康。其实，出汗过多容易耗气伤津，出现乏力、心悸、胃口不佳的挂夏症状。人体像一个装满水的气球，可将毛孔比作气球的出口，汗出过多时气球的出口扩大，气也会随汗外泄，导致耗气伤津的气虚后果。此外，建议女性在生理期不运动或适量运动，切忌透支体能、大汗淋漓，注意私密处卫生，保持干燥。

『热死了』不是口头禅

　　小暑，是二十四节气中的第十一个节气，也是夏季的第五个节气。"暑"是炎热的意思。小暑虽不是最热的节气，但从小暑开始将进入三伏天，气候闷热且潮湿。七月的天气已暑气缠身，即使在树荫下仍感觉像蒸笼似的闷热不已。在潮湿的南方地区，闷热感总是令人头晕烦躁。此时的医院急诊科会出现一批"时令病人"，有的出现头晕、发热、呕吐，有些严重的出现昏迷、抽搐甚至死亡。想必你已经猜到了，他们是中暑了。适逢小暑节气，民间有"小暑大暑，上蒸下煮"之说，从此便进入了一年中最高温、潮湿、闷热的时段，若不及时避暑，则容易中暑。大家千万不要小看中暑，"热死了"还真不是个口头禅。

夏季傍晚跑步，居然跑进了医院

急诊小王：昨晚我们收治了一名热射病的年轻患者，送
　　　　　来时已经高热抽搐，失去了意识，问了原因
　　　　　才知道，他昨晚参加长跑活动，由于天气过

于闷热，还没到终点就晕过去了。

小 中 医：每年这个时节经常听到中暑的故事，有些是认知惹的祸。比如，夜间气温偏低，很多人仗着自己年轻力强坚持锻炼，可不曾想夜间天气依旧闷热，人体的汗液无法及时排出，或者无法有效蒸发带走体温，导致中暑。近日已是小暑节气，进入伏天。人们常说"热在三伏"，三伏天是处于小暑与处暑节气之间的一个时间段，也是一年中最闷热潮湿的时期。在高温、高湿、不透风或强热辐射环境下，长时间从事剧烈活动，机体产热增加，如果此时周围环境、自身状况无法有效散热，造成产热大于散热，伤及气阴，暑热之邪乘机侵入体内，就会发生中暑。

藿香正气水不是万能钥匙

急诊小王：我知道中医里有一款藿香正气水特别好用，大家防暑都要喝。

小 中 医：适合的才是最好的，藿香正气水固然好，但要看看它的功效：主治外感风寒、内伤湿滞或夏伤暑湿所致的感冒。举例来说，假如我们人体是一间房间，藿香正气水就是烘干机，如果房间内阴暗潮湿，烘干机可以发挥祛寒燥湿的效果；但如果房间像个火炉，闷热、墙壁干裂，用上烘干机相当于火上浇油。所以当有头昏沉重、胸腹胀闷、呕吐泄泻，无烦热、燥渴的暑湿证时，藿香正气水才是最适用的。另外，传统的藿香正气水中含有酒精，在服用时会扩张毛细血管，导致体液流失加快，因此服用不当不仅无法缓解症状，甚至会加重病情。

在我看来，人体可以分为三种状态，正常状态、症状状态、疾病状态。中医最擅长处理中间的症状状态，也就是治未病，所以可以冲泡一款夏季防暑茶来预防暑热的侵袭。

夏季防暑茶

藿香3g，鲜薄荷3片，荷叶3g，鲜石斛4g，淡竹叶3g，粳米4g。

夏季防暑茶（代表中药：薄荷）

夏季防暑茶包灵感来源于《丁甘仁用药一百一十三法》中的清解宣化法，适用于暑热伤津患者，症状多为怕热口渴、烦热汗少、肢体困重、食欲不佳。

藿香、薄荷均具有芳香气味，不同的是，藿香在解暑的同时可化湿醒脾，对腹胀、吐泻都有效。薄荷作为一种常见的药食两用之材，具有疏散风热的功效。我们经常在夏日饮品中看到它的身影，比如莫吉托（一种鸡尾酒），如果少了薄荷就好像缺少了灵魂。荷叶是夏季最常见的水生植物之一，在炎炎夏日总给人一种清凉解暑的感觉。其实它确实有清热解暑的功效，味道有些清苦，也是治疗高血压、高血脂的一味良药。鲜石斛加工后便是我们熟知的枫斗，加工前的鲜石斛带有淡淡的草香，黏而不腻，脆爽可口，泡煮过后味如甘薯般甜香四溢，具有清热生津的效果。淡竹叶与粳米有清心除烦、健脾生津的功效，夏季如有胃口不佳，淡竹叶粳米粥也是不错的选择。

夏季防暑茶可以在户外活动、工作时饮用，加入蜂蜜冰镇后口感更佳。当然，如果长期在空调房内工作就不建议饮用。

针对防暑我们还可按摩内关穴、曲池穴，或是弯曲食指和中指揪一揪大椎穴，表面皮肤略微泛红起砂即可。

·小暑小彩蛋：水中蛟龙，清凉一夏·

明代有首《夏九九歌》："一九二九，扇子不离手。三九二十七，冰水甜如蜜。四九三十六，拭汗如出浴。五九四十五，头戴秋叶舞。六九五十四，乘凉入佛寺。七九六十三，床头寻被单。八九七十二，思量盖夹被。九九八十一，家家打炭墼。"夏练三伏的时间指二九、三九、四九之时，是一年中最热的时候，因此夏练三伏也要避开高温时段防中暑。普通人尤其是儿童和老年人，适应能力较差，所以，这些人在伏天中还是以避暑气为妙。如果想要运动可以选择游泳，不但可以强身健体，还能在泳池内化身水中蛟龙，清凉一夏。

大暑天，要吃点『热』的

大暑，是二十四个节气中的第十二个节气，也是夏季最后一个节气。"暑"是炎热的意思，大暑即炎热至极。这段时节是一年中阳光最猛烈、天气最炎热的时候，经历了小暑，"湿热交蒸"在此时到达顶峰。夏天吃什么最爽？自然是早晨一杯冰牛奶，中午一杯冰咖啡，下午一杯冰奶茶，晚上一只冰西瓜。夏天干什么最爽？自然是吹着空调盖着被，穿着短裤露着背。但如果让我推荐，炎炎夏日我会建议吃点"热"的。

春夏养阳

小　　王：夏天这么热，为什么老话说"春夏养阳"呢？岂不是火上浇油。

小 中 医：如果人体有热，表现为大汗、大渴、大热时再吃热性食物，确实是火上浇油，但此处"夏天养阳"的概念却不同。我们先来看看自然界的规律：春生、夏长、秋收、冬藏，意思是自然万物春天萌生、夏天滋长、秋天收获、冬天储藏。比如农作物在春季耕种、夏季生成、秋季收割、冬季储藏，如果违反这一规律就没有收成了。因此，夏季是一个盛长的季节。世间万物有阴阳，天为阳、地为阴，日为阳、月为阴，夏为阳、冬为阴等。"阳"的特性是向外的、升发的，到了夏季，人体的阳气逐渐充沛，并且不断旺盛起来向外发散。最直观的表现是出汗，正常情况下出汗可以帮助人体散热，但如果出汗过度，阳气发散也过度，此时虽然处在夏季，但依然耗伤阳气，所以我们需要把过度耗伤的阳气养一养，让它可以继续充沛健旺，维持人体的正常功能，例如脾胃的运化。这就是我们所说的"春养少阳助其生，夏养太阳助其长"，"养"就是起到调和阴阳的作用。

冬吃萝卜夏吃姜，不用医生开药方

小　王：如你所说，夏季要养阳气，所以民间才会有"冬吃萝卜夏吃姜"的说法，是吗？

小 中 医：没错，夏季人体内阳气的耗伤有内因、有外患。外患是上面提到的炎热天气，导致机体汗出过多，损耗阳气。内因则常见于夏季的一些"坏习惯"。比如，夏季人们在吹空调时，室内外温差大，有些人身体调节不过来，容易感冒、头痛，或者部分人关节遭受冷气侵袭，引起关节冷痛或者腰膝酸胀不适等，都是我们常说的空调病。还有很多年轻人夏季爱喝冷饮、吃生冷食物来解暑，也给寒气更多机会进入体内，导致寒气伤及脾胃，引起腹泻、胃痛。而生姜辛温，有解表散寒、温胃止呕的功效，所以夏天适当食用生姜可以祛寒暖胃，而且还能降低夏季过多食用海鲜引发肠胃炎的概率。说到这里，是不是解开了"夏吃姜"的奥秘？如果夏季出现了空调病或者胃脘部怕冷、胃痛腹泻等症状，我们可以来一杯"热"茶祛祛寒。

祛寒解毒茶

香薷 3g，紫苏叶 3g，生姜 4g，冰糖 4g。

祛寒解毒茶（代表中药：紫苏叶）

祛寒解毒茶包灵感来源于《丁甘仁用药一百一十三法》中的温中化浊法，适用于长期吹空调后出现怕冷、头痛、腹痛、腹泻，或食冷饮、鱼、蟹后胃胀、胃痛、腹泻的人。香薷是一味非常有特色的中草药，又名"夏月之麻黄"，主要用于夏季受到冷风寒气的侵袭，出现头痛、怕冷、胸闷、呕吐等不适，可以帮助人体发汗、祛除寒气，但其发汗的力度又比麻黄小，在夏季用恰到好处，故得此名。紫苏叶、生姜都是解鱼蟹毒的良品，紫苏叶常出现在烤肉店、日料店，在生鱼片下垫着的就是紫苏叶，用来包烤肉可解油腻、清热解毒，平日将紫苏叶、生姜同鱼、虾、蟹一起蒸煮还有去腥解毒的作用。生姜是我们最常见的药食两用之品，不但可以解表祛寒，还能暖胃止呕、化寒痰。天气炎热时食物容易变质，食用后可能会引起胃肠道不适，食用生姜或喝姜汤能起到防治肠胃炎的作用。此外，生姜的表现形式丰富，表面的姜皮具有利水消肿的功效；晒过的生姜变成干姜，常用于怕冷、痰白、寒饮喘咳等慢性支气管炎患者；把干姜砂烫至鼓起，表面呈棕褐色，变身为炮姜；再将其放置火上慢慢炮至焦黑透心，呈块状，便是炮姜炭。自此它们的散烈之性减少，但又有了新的功效。炮姜可用于阳虚失血、吐衄崩漏、脾胃虚寒、腹痛吐泻。炮姜炭可用于治疗虚寒性吐血、便血、崩漏及阳虚泄泻。祛寒解毒茶包材料非常轻灵，建议以冲泡为主，如果用养生壶则微微烧开即可，但不建议使用炖锅，久炖容易导致茶包有效成分过度挥发，减弱其疗效。每天建议冲泡 1 ~ 2 杯，加入冰糖不仅增加香甜口感，甘味还能止痛，帮助茶包更好发挥效果。

最后，如果吃了鱼、虾、蟹等寒凉食物后腹部隐痛、胀气、消化不良，可以点压中脘穴、天枢穴至酸胀略痛，持续反复点压后有所改善。

· 大暑小彩蛋：百变生姜 ·

大暑有个习俗叫"晒伏姜"，也就是晒生姜。由于大暑前后的太阳更为毒辣，此时晒伏姜更能释放生姜辛温的效果，晒干后得到上述所讲的干姜。小小的一块姜竟能发挥如此大的功效，总结来说：生姜——祛寒、解毒、止呕；干姜——温肺止咳；炮姜——温中止泻；姜炭——温中止血。最后，生姜虽好，可不要乱服。比如很多患者感冒了就煮姜茶，殊不知，若是感冒但不怕冷、有黄脓涕、口干爱喝凉水的风热感冒，就不适合用生姜了。要具体问题具体分析，辨证论治。

逍遥一夏，秋后算账

立秋，是二十四个节气中的第十三个节气，也是秋季的开始，虽然进入了秋季，但仍处于"三伏天"中。"三伏天"跨越小暑、大暑、立秋、处暑四个节气，立秋一半在中伏，因此立秋之后天气还是很热。这种气候对于农作物生长非常友好，保证农作物充足的生长时间和热量。立秋后也会出现高温天气，故有"秋后一伏热死人"的说法，老百姓称这段时期为"秋老虎"。中医五行对应季节为"春、夏、长夏、秋、冬"，这里的长夏时期对应的是立秋到秋分前的时段。此时阳气渐收，阴气渐长。

贪凉一时爽，内外皆受伤

陈 大 哥：咳咳，现在明明是夏天，为何还会咳嗽呢？

小 中 医：咳嗽可见于各个季节，现已经立秋，我隐藏了很久的生活小细节，终于可以说出来，大家看看是不是也有同样经历。每年五月开始，南方地区已经非常暖和了，很多人为了过嘴瘾，早早地开始喝冰饮料、吃冰西瓜。这种贪凉的习惯一直延续到立秋后，甚至有些人在中秋后还喝冷饮。此时已经吃了几个月的寒凉饮食的你，请回忆一下，这期间你有没有咳嗽过呢？

立秋时节，气候依然炎热，我们总以为只有吹到冷风受凉了才会咳嗽、咳痰，殊不知早在《黄帝内经》中就有"形寒寒饮则伤肺，以其两寒相感，中外皆伤""其寒饮食入胃，从肺脉上至于肺则肺寒"的观点。吹空调、冷风等外界因素都可导致机体着凉，再加上吃了很多冷饮、寒食导致脾胃受寒的内在因素，影响到了"楼上的邻居"——肺，内外两个寒凉的两个因素都会损伤肺阳，影响肺的正常运行。所以贪凉一时爽，咳嗽必到访啊。

肺脾均失调，入秋痰堵喉

陈 大 哥：有时虽然没有频繁咳嗽，但嗓子总感觉有痰，怎么也清不干净。

小 中 医："脾为生痰之源，肺为储痰之器"。如果我们把脾比作一个水壶，肺是壶盖，当我们烧水时会有很多水蒸气从壶盖排出，如果壶水一直沸腾，就会慢慢地全部蒸发。但如果我们时不时加入冷水、冰块，这壶水就很难持续烧开，壶盖上会积聚很多水蒸气，这些滞留下来的水液就变成了痰饮。

在五行理论中，脾为肺之母，母病可及子，脾病又可累及肺。肺的宣发功能异常，一呼一吸的节律被打破，出现咳嗽、咳痰等症状。津液代谢功能受阻，水液滞留在肺部，而立秋节气，气候逐渐干燥，耗伤津液，滞留在体内的水液慢慢凝聚成了痰液，便出现了"咳咳咳"清嗓子的动作。这恼人的"咳咳咳"还是有办法解决的，如果喉间总有白黏痰，咳之不爽，平时爱吃生冷饮食，胃部偶有冷痛，可以试试下面这款茶包。

祛痰茶

盐橘红 4g，冬瓜子 4g，制半夏 4g，甜杏仁 3g，桔梗 3g，焦谷芽 4g，炒薏苡仁 4g，大枣 3 枚。

祛痰茶（代表中药：半夏）

祛痰茶包灵感来源于《丁甘仁用药一百一十三法》中的扶土化痰法，适用于咳嗽有痰，或喉间黏痰，咳吐不爽，痰黏色白，平日贪食凉食之人。

祛痰茶主要由两部分组成，第一部分是化痰药，盐橘红为取新鲜橘皮，用刀削去外层果皮，将果皮晾干或晒干，然后用盐开水均匀喷洒，使其吸收后再晾干，具有化痰理气的功效。盐橘红和陈皮的功效很相似，但盐橘红的燥性更强，更适用于肺寒咳嗽多痰的人。本篇介绍的咳嗽咳痰的诱因是"寒凉"，因此特地选用盐橘红而非陈皮。冬瓜子是丁氏内科的特色用药，顾名思义是冬瓜里面的子，平时被弃之不用，但冬瓜一身都是宝，你丢掉的冬瓜子和冬瓜皮都有很好的药用疗效。冬瓜子可润肺化痰，冬瓜皮可利尿消肿，所以平日煮冬瓜汤时不妨把子和皮一并包在纱布包内，同冬瓜肉一起煮熟后，再丢弃子、皮，此时的冬瓜汤气味清香，且增强了利水消肿的功效。制半夏具有很好的燥湿化痰作用。说到杏仁大家是不是想到了《甄嬛传》中安陵容食用苦杏仁自尽的片段？确实，食用过量苦杏仁可产生中毒症状，如呼吸困难、恶心呕吐，甚至危及生命，所以我们化痰时选用性味更加温和的甜杏仁。相比盐橘红、制半夏的燥性，甜杏仁更擅长润肺化痰，由于立秋节气后气候中的燥性逐渐显露，甜杏仁此处便兼具了化痰、润肺、缓解盐橘红及制半夏燥性的作用，配合桔梗，更是达到一升一降、通利肺气、止咳平喘之效。第二部分是扶土药，五行中土对应脾，扶土就是健脾。此处有3味药食两用之品，焦谷芽、炒薏苡仁、大枣。焦谷芽和炒薏苡仁都为翻炒加工后的产物，相对于生用的谷芽和薏苡仁，炒过后的作用更倾向于健脾。最后配上大枣，取其性味较甘平，可以起到很好的健脾益气效果。

祛痰茶整体的性味比较平和，除了白痰、黏痰，即使有微微黄痰也可以饮用，以前文中的冲泡方法为例，祛痰茶用养生壶煮沸，或是炖锅炖煮后效用更佳，每日饮用 1 ~ 2 杯，祛除喉间黏痰效果不错哦！

针对咳嗽、喉间有痰的症状，可选用天突穴、膻中穴、中脘穴点压至酸胀略痛，持续反复点压后可有所帮助。

· 立秋小彩蛋：啃秋 ·

带"立"字节气的民俗总是离不开吃，比如立春有"咬春"吃春饼，立秋也有"啃（咬）秋"的习俗。此时最常见的水果便是西瓜，在暑热未退的时节既能解暑又能防病。不过，此处的"啃秋"是立秋前一日食西瓜。一来，西瓜水分充足，可以防止秋燥；二来，立秋之后天气逐渐转凉，中医学认为西瓜性味寒凉，立秋后继续食用会引起肠胃不适。因此从某种意义上来说，立秋当天吃的西瓜，应该是当年最后一只瓜了。

挨金似金，挨玉似玉

处暑，是二十四个节气中的第十四个节气，也是秋季的第二个节气，处于长夏时期。《月令七十二候集解》说："处，止也，暑气至此而止矣。""处"是终止的意思，处暑表示炎热的暑季即将过去，但还有"秋老虎"这把回马枪。处暑时节虽没有大暑的酷热难耐，但仍有闷热体感，此时气候逐渐干燥，天气由高温、炎热转向闷热、干燥的状态。我们在经历了一个夏天的酷暑和日照后，都拥有了一身小麦色肌肤，不过脸上的痘痘们似乎也越发猖狂了。

挨金似金，养肺润肤

小　　丽：瞧我脸上的痘痘，经过一个夏天的战斗，它们还是对我不离不弃。

小 中 医：看你这一颗颗的，虽然处暑时节气温有所下降，但气候仍偏温燥，痘痘一时之间恐怕好不了。俗话说"好看的皮囊千篇一律"，但中医会说"好看的皮囊如金似玉"。处暑是秋季的第二个节气，秋令属金，五行中的金在季节上对应秋，五脏对应肺，六腑对应大肠，形体对应皮毛，五气对应燥。因此，想拥有好皮肤，需要在这些因素上下下功夫。

中医学称痘痘为"肺风粉刺"，顾名思义，痘痘的形成与"肺主皮毛"的功能有关系。如果空气湿润，肺濡润肌肤、润泽毫毛的功能就可正常发挥，使得皮肤润洁有光泽，自身抵抗力较强。但是如果皮毛外在感寒、感热，或是秋季干燥，会导致肺寒、肺热、肺燥，便由内而外表现为面部甚至背部长痘痘，轻则散在红色小颗粒，内有白色颗粒物，略感瘙痒；重则痘大色红，甚至连成小片，内有黄色分泌物，痘退后留瘢。所以，肺主皮毛的功能就像摊煎饼，适中的火候可以摊出金黄锃亮的饼，如果火候不够，或是火候太足，煎饼的表面就不那么令人满意了。

挨玉似玉，以内养外

小　　丽：为了不让痘痘复发，我平日饮食以清淡为主，可大便有些硬，这有影响吗？

小 中 医：自然是有的，想要皮肤如白玉般濡润，除了避免外部损伤，内在调养才是长久之道。《外科正宗》提到"又有好饮者，胃中糟粕之味，熏蒸肺脏而成"，意思是肺通过宣发作用，可以将脾胃化生的营养输布到全身，滋养肌肤，如果机体感受到湿热之邪，或是喝酒，或是食用辛辣油腻食物，超出脾胃工作负荷，湿热之邪由内而生，就会影响肺外皮毛的濡养。这就像是一只苹果烂了心，腐烂的部分慢慢渗透到果皮表面变成"痘痘"。

内在因素除了脾胃还有大肠，五脏的肺对应六腑的大肠，称为肺与大肠相表里，肺与大肠气化相通，肺气降则大肠之气亦降，大肠通畅则肺气亦宣通。比如我们感冒发热时，咳嗽，呼吸不顺畅，这时往往大便很困难，热退后，则可以一泻千里。同理，如果大便可以保持通畅，也可以改善肺部的症状，这个规律同样适用于好发痘痘的朋友们。

这里为大家准备了一份处暑痘痘茶包，好喝又养颜，每天喝完对自己说一句："我怎么这么好看！"

白玉祛痘茶

鲜百合半头，皂角米 6g，怀山药 6g，冰糖适量。

白玉祛痘茶（代表中药：鲜百合）

　　白玉祛痘茶包灵感来源于《丁甘仁用药一百一十三法》中的培育气阴法，适用于面部或颈背部白头粉刺和黑头粉刺，自觉痤疮处痒痛、口干、大便欠通畅者。

　　秋令属金，五色属白，白玉祛痘茶选用了四种白色的药食两用之材，炖之如玉露般晶莹剔透，满满的胶原蛋白感。百合为白玉祛痘茶的绝对主角，具有养阴润肺、清心安神功效，一般在秋季采摘，以鲜品为佳。百合作为一味小众的美白润肤食材，身形娇小，通体如白玉般剔透，具有很好的润泽肺阴效果，因此定期食用对清退痘痘效果极佳。皂角米俗称雪莲子，是一款很难得的食材，是大家熟知的皂荚的种子，在秋季果实成熟时采收，收后逐一剥取种子后晒干才可得到。将皂角米放水加热后膨胀，呈胶质半透明，入口香糯，具有润燥通便、祛风消肿的功效。正如我们前面所说，大便通畅是皮肤清爽的重要内因之一，皂角米可配合百合清肠通便，养颜美容。怀山药是大家非常熟悉的健脾之品，也有润肤养颜的效果，如《本草纲目》记载其"益肾气，健脾胃，止泄痢，化痰涎，润皮毛"，配合鲜百合、皂角米共同组成白玉三杰，让痘痘无路可逃。

白玉祛痘茶用电子炖锅炖煮 1 小时后效用最佳，炖煮时可按个人口味加入适量白冰糖，放凉后每日饮用其汤汁 1 ~ 2 杯，也可作为下午茶，连同百合、皂角米、山药一起食用。不过，出现舌苔白厚，吃冷食容易腹痛、腹泻的人，不适合这款白玉祛痘茶。

针对痘痘的症状，可选用曲池穴、足三里穴、三阴交穴，点压至酸胀略痛，但切忌用手抠摸，以免诱发感染。

· 处暑小彩蛋：秋高鸭肥 ·

处暑节气暑气虽然结束，但气温仍然居高不下，秋老虎横行，此时推荐食用润肺健脾的食材，以达到清热、生津、养阴的效果。"七月半鸭，八月半芋"，处暑这天，老北京人遵循着一个传统，去熟食店买"处暑百合鸭"。从中医学角度来说食材性味的话，鸭肉性味寒凉，有助缓解秋燥。据悉，百合鸭中还选用了当季的百合、陈皮、菊花等润肺生津的食材来调制，入口芳香，营养丰富。

多喝热水有用吗

　　白露，是二十四个节气中的第十五个节气，秋季的第三个节气，《月令七十二候集解》云："水土湿气凝而为露，秋属金，金色白，白者露之色，而气始寒也。"这就是"白露"二字的由来。一阵秋风一阵凉，过了立秋，就已经算是秋天了，转眼又到了白露节气，在这个时节，晴朗的白天还需要遮阳和防晒，但是早晚的气温已经能让人感受到凉凉秋意了。民间有句谚语叫作"白露身不露"，说的是白露这个节气，天气冷暖多变，不能再像夏季那般赤身贪凉，以免着凉感冒。秋季天干物燥，也影响我们的身体，体内的水分在不知不觉中就被收干，所以常常会出现口干、咽干的情况。

都是燥邪搞的鬼

表　　姐：最近天气渐凉，出汗不太多，可为什么我一直
　　　　　口渴想喝水呢？

小 中 医：在中医学理论中，有一个术语叫"燥邪伤肺"，
　　　　　意思是干燥的气候损伤了肺脏的阴液，出现口
　　　　　干、咽干，甚至咽喉痒、咳嗽等症状。说到这

个燥邪，就好比揉面的时候，在面团上撒干面粉后，面团变得干、硬，方便揉面。如果遭受燥邪侵袭，喉咙不再湿润，便会出现口干、咽干的情况。

表　姐：原来是燥邪搞的鬼呀，是不是秋天就容易燥呢？

小中医：是的，五季中的秋对应五气中的燥，白露节气属于秋季的第三个节气，受秋燥影响明显。当出现口干、咽干等症状，说明机体的阴分受到损伤。同理，即使没有大汗淋漓，也会有口渴。除此之外，还会出现舌苔变少、舌质变红。

不是所有舌红都是气血旺盛

表　姐：舌质变红、舌苔变少是什么意思？舌头红难道不是气血充足的表现吗？

小中医：当然不是。一般来说，健康人的舌头是淡红色，舌苔是在舌头表面薄薄的一层白色物质。这层薄薄的舌苔是胃气蒸化水谷、上承于舌面而成，体现了脾胃的运化功能。如同煮饭的时候，会有水蒸气和米饭的香气冒出来。如果没有这层舌苔，说明煮饭的火太大，把水烧干了，香气也烧没了，只剩下焦味；如果舌苔太厚就说明水太多了，水蒸气都糊在了锅盖上，香气又变成了馊气。淡红色舌质则是气血调和的表现，舌质变红说明体内太热了，使得舌头血管扩张，淡红色变红色，甚至变深红色。

表　　姐：听说糖尿病患者会一直口干。

小 中 医：是的，糖尿病患者确实更容易出现口干，并且伴有小便多、容易饿、吃得多但是消瘦。糖尿病症状典型很容易鉴别，或者做一个糖耐量检测即可诊断。另外还有一个名为"口干症"的疾病，同样会有口干，但口干比较严重，甚至有唾液分泌不足、唾液腺受损的表现。这时需要及时就医了。

秋季干燥喝水当然是有用的，如果口干伴有舌红、苔少时，我推荐一款茶包，它叫作"润肺解渴茶"，可以从根本上解决口干的问题。

润肺解渴茶

麦冬3g，天花粉3g，鲜石斛3g，百合3g，雪梨汁100mL。

润肺解渴茶（代表中药：麦冬）

润肺解渴茶包灵感来源于《丁甘仁用药一百一十三法》中的育阴清热法，在白露节气喝，可以养肺阴，润秋燥，适用于喝水难以缓解的口干、咽干，且舌质红、舌苔少的人群。

麦冬是一种干燥块根，是养阴润肺的上品、生活中较常见的植物。花坛树下，如同凌乱假发的绿植便是麦冬。天花粉和麦冬一样，也是一种植物的干燥根部，具有清热泻火、生津止渴的作用，缓解口干效果很显著。鲜石斛是老百姓熟知的一类保健药材，生活中常见到的一颗颗金黄色的枫斗便是鲜石斛卷曲烘干后的产物，而鲜石斛口感更佳，清香多汁，养阴生津止渴效果极佳。百合是秋季药食两用的时令之品，除了润肺还可以清肺热，在中医学理论中，秋季在五脏属肺，肺脏五色属白，所以可以多多食用白色的食物，起到润肺的作用，比如银耳、百合、梨、柚等，都是白露时节适合吃的食物。最后我们加上甜甜的雪梨汁，既能润肺又可以提升茶包的口感。

茶包的原料都是常用的中药材和食材，把前 4 种药材放在水壶浸没半小时，大火烧开放凉即可。饮用时，倒出 150mL 茶水，与 100mL 鲜榨雪梨汁混合，每天 1 ~ 2 杯。不过要注意，此茶意在清热养阴，所以舌苔厚腻或者体质偏寒的人不太适合饮用，否则可能出现湿浊加重或者大便稀溏的表现。另外，糖尿病患者常常自觉口干，可以不放鲜榨雪梨汁，直接将前 4 味中药煎水，时时饮用，也会有很好的效果。

除了饮用茶包，还可以试着自己按摩穴位，滋养肺阴，如太渊穴、少府穴、三阴交穴、太溪穴等，用大拇指轻轻按揉 1 分钟，反复多次即可。

· 白露小彩蛋：春捂秋冻要适量 ·

讲到秋季养生，首先想到的便是"春捂秋冻"，更何况白露是初秋的节气，气温还稍炎热，许多人就更想"冻一冻"。虽然这是一条经典的养生保健要诀，但是也不能照搬。因为白露之后天气冷暖多变，尤其是早晚温差较大，很容易诱发伤风感冒，所以建议出门时携带一件轻便外套，方便穿脱。白露以后，自然界中的万事万物即将进入"冬眠"阶段，我们体内的阳气也开始慢慢收敛闭藏。此时的起居作息应顺应阳气的升发与舒展，不可过度消耗，养成早睡早起的好习惯，避免熬夜，这样才有利于气血的储备。

天干物燥，小心『着火』

　　秋分，是二十四个节气中的第十六个节气，秋季的第四个节气，随着白昼的时间逐渐变短，天黑得渐渐早了起来，秋分也就到了。古籍《春秋繁露·阴阳出入上下篇》中说："秋分者，阴阳相半也，故昼夜均而寒暑平。"秋分，表示从这一天开始，白天和夜晚将各分一半，昼夜同长，气温渐渐变冷，暑热渐渐减退。因此，秋分这个节气可以真正地用"秋高气爽"来形容，夏天的暑热不见了，随之而来的是阵阵凉爽的秋风，夏季的湿度也不见了，取而代之的是日渐干燥的环境。

喉咙住着小虫子

小　　王：一到这个季节，我的咽喉炎就犯，真讨厌。

小 中 医：受秋燥影响，我们常常会有口干、咽干、皮肤干、眼睛干等表现。这都是身体发出的信号，提醒我们身体缺水了。如果我们还不及时补充水分，身体就会出现问题，咽喉炎就是其中之一。最近患慢性咽炎的人变多了，尤其是教师这一群体，除与职业特点有关，秋燥气候也是发病的诱因之一。这类人相同的症状是咽喉干，感觉喉咙毛毛糙糙的、不舒服，总想清嗓子咳两声，有些严重的患者会有咽喉痒、咽喉痛、嗓音嘶哑，如同喉咙里有小虫子在爬、在挠，让人不得安宁。

到了秋分，秋天已经过半，秋燥越来越明显，机体也会受到影响，肺脏是最容易被累及的。中医学理论有一个说法是"肺为娇脏"，指出肺是一个很娇嫩的脏腑，当有外部"敌人"来袭，首当其冲的便是肺脏。秋燥作为外部"敌人"之一，攻击机体，肺脏受到侵袭，机体水分很快就不足。咽喉是肺之门户，当肺水分不足时无法疏布水分滋润咽喉，喉咙会变得干燥。

虚火炼金

小　　王：听说这个季节还特别容易有虚火。

小 中 医：是的，这就关系到另一个脏腑缺水的问题了，那就是肾脏。依据五行相生的规律，肺属金，肾属水，金能生水，因此肺阴充足，可使肾阴充盛。肺与肾之间的阴液互相资生，水能润金，肾中阴水充足，循经上润于肺，保证肺气清宣正常。如果肾脏的水少了，势必克制不了火，而这团无处安放的小火苗便是我们俗称的虚火。它最喜欢往上跑，跑到干燥的喉咙里觉得挺舒适就住下了，也就是你喉咙里"小虫子"的真身。正如《医医偶录》曰："肺气之衰旺，全恃肾水充足，不使虚火炼金，则长保清宁之体。"所以秋燥和虚火是罪魁祸首，这里有一剂中药茶包可以治治喉咙里的"小虫子"——清凉润喉茶。

清凉润喉茶

桑叶 2g，胖大海 3g，枸杞子 3g，金银花 1g，牛蒡子 2g，鲜薄荷 2 片。

清凉润喉茶（代表中药：胖大海）

清凉润喉茶包灵感来源于《丁甘仁用药一百一十三法》中的开肺清音法，对缓解咽喉的干痒不适很有帮助，适用于咽干、喉咙毛糙不适，总想清嗓子咳两声，或是咽喉痒、咽喉痛、嗓音嘶哑；还适用于吃辛辣油腻食物后出现的咽喉疼痛。

茶包中的桑叶是我们熟知的蚕宝宝的主食，它同胖大海一样，性味都较甘寒，是清肺热、润肺燥的主力军。滋补肾阴的工作则交给枸杞来完成，它是我们日常生活中常见的药食两用之材之一，无论是煲汤、泡茶、做甜羹都非常好用。牛蒡子是清利咽喉的重要药物，再加上清热解毒的金银花、清凉宣散的薄荷，三药同用，可以把喉咙里的虚火透发出来。但需要注意的是，此茶包整体药性偏凉，如果饮用后出现大便稀溏，或者本就脾胃虚寒的人群不适宜饮用。如果咽喉炎出现白色黏痰量多的，也不适用此茶。

其烹煮方法也非常简单，直接将所有药用开水冲泡，或者在水里烧开皆可。放凉后即可饮用，可以作为润喉茶频频饮之，也可以每日喝 2 ~ 3 杯。

中医疗效好，标本皆要顾。如上所说，滋润的药物要和清火的药物一起用，这样先从根本上为我们的肺和肾提供水分补给，再把留在表面的虚火祛除，就可以标本兼顾，从根本上补充肺和肾的水分。另外，按摩少商穴、孔最穴，以及在廉泉穴和天突穴之间轻轻来回按揉也有助于缓解咽喉不适。

·秋分小彩蛋：进补适量，秋膘慎贴·

秋分之时，秋季过半，为了过冬，还有一个"贴秋膘"的说法。因为有些人夏季胃口不好吃不下饭，到了秋季就想大肆进补一下，一是弥补夏季丢失的养分，二是为过冬储备营养。秋季进补确实需要，但是也不可过量和操之过急，要缓缓补之。如果一下子大量进补，胃肠道经过一个夏天的"消极怠工"，工作能力下降，来不及吸收和代谢，无法将全部食物消化，会造成积食，致使代谢器官负担加重，到时候秋膘没贴上，反而赔上肠胃不适就得不偿失了。因此我们在饮食方面可以炖些莲藕排骨汤，食用山药、莲子、荸荠、白萝卜、银耳、甘蔗、黑芝麻等既能滋阴润肺，又可养胃生津的食物。

寒露

一条小船即将起航

寒露，是二十四节气的第十七个节气，秋季的第五个节气。"袅袅凉风动，凄凄寒露零"，出自唐代诗人白居易的《池上》，正是描写寒露时节的诗句，让人感到了深深的寒意。深秋时节，除了寒，还有干：空气是干干的、眼睛是干干的、鼻腔里是干干的、嘴唇也是干干的，即使喝了很多水，依旧不能缓解，让人倍感不适。

河床枯竭，无水行舟

陈 小 姐：最近天气好干燥呀，工作忙碌起来无暇喝水，导致不仅皮肤是干干的，就连便便也像羊屎豆一样难以排出。

小 中 医：眼下已到了寒露时节，临近深秋，燥为秋季主气，因此秋季多燥。《黄帝内经》说："燥胜则干。"气候干燥导致水分蒸发、匮乏，故多见燥邪引发的疾病。燥气属阴中之阳邪，如果侵犯人体，一方面体内津液耗伤，导致各组织失去津液的滋润和濡养，出现口干唇裂、鼻咽干燥、皮肤干燥甚则皲裂，以及小便短少、大便干结甚至便秘等症状。另一方面如果自身补水较少，或是阴液耗伤，也会加重机体缺水的负担，为燥邪损伤机体津液创造内在条件，如同火上浇油。比如长期熬夜最易伤阴，中医学理论有"人卧则血归于肝"，此处的"血"可以统一理解为体内的阴液。而肝有藏血的功能，作为血的"家"，可以让血在此休养生息。如果半夜仍不睡觉，血不能按时回肝这个"家"，只能继续在外流淌消耗，长此以往，造成阴血耗伤，机体五脏六腑也会因缺少阴血的滋养受到影响。以上原因均可导致肠道津液亏耗。肠道好像一条河流，大便就像是河中小船，如果河流干枯，无水载船，小船无法前行，所以出现了便干、便秘。

表里都要润

陈小姐：前几篇有提到过大便不通还要联系肺，那这里的便秘也和肺有关吗？

小 中 医： 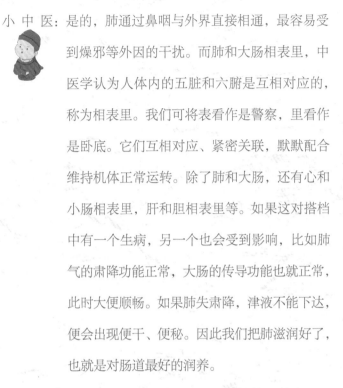 是的，肺通过鼻咽与外界直接相通，最容易受到燥邪等外因的干扰。而肺和大肠相表里，中医学认为人体内的五脏和六腑是互相对应的，称为相表里。我们可将表看作是警察，里看作是卧底。它们互相对应、紧密关联，默默配合维持机体正常运转。除了肺和大肠，还有心和小肠相表里，肝和胆相表里等。如果这对搭档中有一个生病，另一个也会受到影响，比如肺气的肃降功能正常，大肠的传导功能也就正常，此时大便顺畅。如果肺失肃降，津液不能下达，便会出现便干、便秘。因此我们把肺滋润好了，也就是对肠道最好的润养。

如上所述，肠道就像河流，河流水量的充足不仅需要陆地冰川融化的水源流入河流，也需要天空降雨维持水量，让我们通过下面这个茶包来滋润你的肠道吧。

润肠通便茶

生地黄15g，玄参12g，枳壳12g，瓜蒌子9g，冰糖少许。

润肠通便茶（代表中药：地黄）

润肠通便茶包灵感来源于《丁甘仁用药一百一十三法》中的增液承气法，适用于口干唇燥、饮水较少、大便干结不通者。

所谓增液承气法就是前面提到的比喻：干结的粪便就像堆积在干涸水道里的小船，只要往干涸的河道里开闸放水，再吹起一阵清风，堆积的小船便能扬起风帆驶向大海了。茶包中的生地黄和玄参两味药是滋阴润燥的良药，相当于肠道的保湿剂，起到滋润、干燥肠道的作用。枳壳和瓜蒌子是理气行气之药，推动肠道运动，像是吹在肠道里的清风一般。最后再加上少许冰糖，既能够养阴生津润肺，又能够中和药物的苦味，真是一举两得。

清代吴鞠通的《温病条辨》中有两张通便的名方，分别为增液汤和增液承气汤。它们是"无水舟停，水道溢而舟自行"的代表。此处的润肠通便茶包也是基于增水行舟的对策，加用瓜蒌子，利用其油脂加重了润的效果。

最好的饮用方法是用养生壶或者电子炖锅煮沸慢炖后饮用，每天2～3杯即可，糖尿病患者饮用时可以将冰糖换成百合。寒露节气在饮食上也应多吃养阴润肺益胃的食物，比如古籍中记载的秋季吃芝麻："秋之燥，宜食麻以润燥。"芝麻是一种传统的养生食材，具有极好的养生保健作用，可以润燥、健脾、止咳、顺气。除此之外还可以食用一些蜂蜜、乳制品等具有柔润性质的食物。

最后，大家还可以按揉天枢穴、支沟穴、上巨虚穴、三阴交穴等帮助养阴，润下通便。

回回回回回回回回回回回回回回回回回回回回回回回回回回

·寒露小彩蛋：寒露脚不露·

提到深秋时节，人们总是想到"伤春悲秋"这个词。寒露节气正是临近深秋，此时秋风瑟瑟，凄风惨雨，草枯叶落，人特别容易感到伤感。选择户外远足不失为一个缓解压力、放松心情的好办法。远足后最累的就是一双脚了，这时候准备一盆热水泡泡脚又是何等惬意。民间有句俗话叫"白露身不露，寒露脚不露"。到了寒露时节，足部的保暖是非常重要的，因此，我们可以每晚睡前用热水泡脚。这是一个传统又有效的养身小妙招。热水泡脚可以使足部的血管扩张、血流加快，减少足部和下肢酸痛，消除一天的疲劳。

霜降

润肤时间到

　　霜降，是二十四节气的第十八个节气，也是秋季的最后一个节气。此时正值秋冬交替之际，气候变得寒冷干燥，最低气温可达 0℃以下，空气中的水蒸气在地面或植物上直接凝结成霜。这也就是霜降名称的由来，正所谓"九月中，气肃而凝，露结为霜矣"。霜降时节已是晚秋，此时的秋风已变成了寒风，吹在脸上冷飕飕，让人不仅打哆嗦，脸上的水分也被吹干，皮肤变得干巴巴、很紧绷。这时要警惕皮肤问题了。

从古至今的护肤

小　　姨：最近的气候好干燥，看我小腿上的皮肤干得都起皮了。

小 中 医：是呀，最近到了霜降节气，天气又干又冷，是很容易出现皮肤干燥发皱，甚至会有脱屑、刺痒、发红等一系列问题。皮肤是我们人体最大的器官，约占体重的16%，覆盖着我们的全身，是机体和外界之间的第一道屏障，如果外界空气干燥，含水量很低的话，皮肤便会干燥缺水，而且皮肤 70% 的成分都是水，缺水会破坏皮肤屏障，便会出现各种皮肤问题，比如干性皮疹、过敏性皮炎、荨麻疹等。因此我们一定要做好皮肤的保湿，每天使用润肤霜来防止皮肤中的水分流失，帮助修复皮肤屏障。涂润肤霜保护皮肤的行为在我国古时就已盛行。宋词《月中行·怨恨》中有云："蜀丝趁日染干红，微暖面脂融。"其中的"面脂"是古人用来涂在脸上的润肤霜，在方药古籍中更有不同面脂的成分及制作方法，如《千金翼方》卷五、《备急千金要方》卷六中都有记载主治"面上皴黑"、能够"悦泽人面"的不同面脂。

肺有个下属叫皮毛

小　　姨：原来保湿护肤不是现代养颜的专利啊。

小 中 医：是的，除了给皮肤涂上保湿霜，还可以通过服用中药茶包，由内而外滋养我们的皮肤。霜降节气属于秋季，秋季在五脏上是肺脏当令的季节，此时受到干燥气候的影响，肺阴容易受损出现肺阴虚的症状，也就是肺脏缺水了。中医学有个理论叫"五脏合五体"，指的是肝、心、脾、肺、肾五个内脏分别在肉体中有五个对应的部位，并且像领导和下属那样，五脏对五体有掌管作用，也会相互影响。比如心主血脉、肾主骨，而肺主皮毛，肺脏掌管着皮肤和毛发，皮毛是依赖肺脏疏布精气，才得以温煦、润泽，如果肺脏缺水，皮肤就变得干燥了。

小　　姨：那为什么是肺来掌管皮毛呢？

小 中 医：古人认为，肺能够调节呼吸，是体内外气体交换的主要器官，而皮肤毛孔的开阖散气与肺的开合换气是同样的机制，因此两者有着密切联系。《黄帝内经》中有云："肺主身之皮毛……故肺热叶焦，则皮毛虚弱急薄。"这是因为肺太过燥热，肺叶枯萎，皮毛也就变成了虚弱、干燥不润的状态。所以如果肺出问题，必定累及皮毛。如肺气不足，肺的领导能力下降，皮肤毛孔也会懒懒散散，收敛功能随之减弱，收不住汗液，表现为容易出汗的症状；如果皮肤毛孔受到"敌人"风寒的侵袭，皮肤抵御不了的时候，风寒也会首先攻击肺脏，出现受寒咳嗽的症状；如果肺脏缺水，肺阴不足，则不会把水分分发给自己的下属，皮肤势必也会因缺水而容易变得干燥。

今天推荐一款有润肤效果的中药茶包，而且与鼎鼎大名的四物汤有渊源。

养血润肤茶

> 熟地黄 6g，当归 6g，川芎 2g，白芍 4g，茯苓 3g，麦冬 4g，玉竹 4g。

养血润肤茶（代表中药：玉竹）

养血润肤茶包灵感来源于《丁甘仁用药一百一十三法》中的养血温经法，适用于长期皮肤干燥皲裂，伴有瘙痒、脱屑者，常以中老年人多见。

在秋季治疗皮肤干燥等疾病时，除了润肺是第一要务外，还要注意养血，因为血对皮肤也有重要的濡养作用。血是构成和维持人体生命活动的基本物质，运行在全身大小血管里，营养着机体器官和组织。如果血液充沛，五脏六腑包括皮肤都会得到充足濡养，容光焕发，展现出充分活力。中医学理论中，血是由营气和津液组成的，秋季干燥使得人体内津液耗伤，必然出现血虚的现象。茶包前四味药材熟地黄、当归、川芎、白芍便是大名鼎鼎的四物汤。熟地黄、白芍是阴柔的补血之品，被称为血中血药；当归、川芎较为辛香，被称为血中气药。四药相配组合成动静结合、补而不滞、活血养血而不伤血的最佳处方。随后加入健脾的茯苓，脾运作得当，能够化生更多精血。再加上滋阴润肺的麦冬和玉竹，起到养血养颜、润肺润肤的效果。

此茶包煮沸效果更佳，若觉口感过于苦涩，可放少量冰糖调味。如有舌苔厚腻、痰湿较重的人，暂时不适于饮用，可用其他祛湿化浊的茶包改善后再饮用此款。

平日可以在血海穴、曲池穴、足三里穴、三阴交穴等穴位上进行按揉，也有滋阴养血的作用。

·霜降小彩蛋：空气也要保湿·

霜降时节，天气寒凉，不能再像初秋时大开门窗了，特别是夜晚入睡前，应该关好门窗以防感受风寒。平时可以在室内放置一些植物，如绿萝、万年青、龟背竹等，来调节空气的湿度，净化空气，并且生活在充满生机的环境中，可以促进身心健康。另外在室内也可利用加湿器增加湿度，给紧绷的皮肤"放个假"。

守住身体里的小太阳

立冬，是二十四节气的第十九个节气，也是冬季的第一个节气。此时气温逐渐下降，水温也变得很冷，草木凋零，蛰虫休眠，万物活动趋向休止，正所谓"一候水始冰，二候地始冻，三候雉入大水为蜃"。立冬预示着冬天正式开始。古时此日，有天子出郊迎冬之礼，并有赐群臣冬衣、矜恤孤寡之制。古时的皇帝要为自己的臣子添置冬装了，我们当然也要及时地拿出厚外套，随时准备抵御冬日的寒风。

从内而外的保"暖"

表　　妹：我爱穿裙子，但这天气穿短裙实在觉得冷。

小中医：你真是要风度不要温度，现在已经是立冬时节，天气寒冷，确实不能再穿短裙了。如果时常在户外穿短裙，膝盖小腿全暴露在寒风中，很容易受风寒侵袭，出现下肢冰冷、膝关节痛等症状，长此以往，可能会发展成关节炎。

表　　妹：这么说，我还真是经常觉得膝盖很冷，有时候一活动会咔咔作响，那应该怎么保养呢？

小 中 医：首先，当然是要保暖了。不仅穿上厚薄适当的衣服，从外部保暖，还要保住体内的暖，中医学称之为"阳气"。在《黄帝内经》中有相关论述："冬三月，此谓闭藏，水冰地坼，无扰乎阳，早卧晚起，必待日光……此冬气之应，养藏之道也。"意思是，冬季是万物生机闭藏的季节，水变得冰冷，大地也要冻上了。这时我们要顺应自然，收敛闭藏，养护阳气，早睡晚起，等太阳出来以后再出门。冬天养生讲究养藏，这与冬天的自然规律相呼应，所以藏住体内阳气的方法之一是要保证睡眠时间，在冬日早睡晚起才可以使体内的阳气得以潜藏。俗话说"药补不如食补，食补不如觉补"，睡眠是我们重要的休养生息方式，也是机体养精蓄锐的过程。其次，要注意远离寒冷的地方，多晒太阳，避免大量出汗损伤阳气。最后，控制自己的情绪，保持心理上和精神上的安宁，含而不露，避免烦扰，以收敛阳气。在立冬时节，我们通过正确的养生方式，便能藏住体内阳气，阳气充足，自然增加了抵御寒冷的力量。反之，我们不仅会在寒冷的冬季更加怕冷，也会在来年春夏因为没有足够多的阳气抵御外寒而出现容易生病的情况。这如同农民伯伯种庄稼，也需要在冬季追加施肥，吸收足够多的养分，来年才会大丰收。

立冬进补不宜燥

表　　妹：我明白了，那我多吃点羊肉火锅有没有用？

小中医：可以适当吃一些，但不能过度。冬令进补确实是我国具有悠久历史的养生传统，但是立冬时节不宜吃得过于燥热，可以有的放矢地食用一些滋阴潜阳、热量较高的食物，比如牛肉、鲫鱼等，同时也要多吃新鲜蔬菜避免维生素缺乏。还可以食用一些温热的食物，比如大枣、龙眼、核桃、韭菜等，尽量少吃生冷性寒之食，以免损伤脾胃的阳气。另外还可以用枸杞子泡酒或熬成膏剂，在立冬时节服用有补肾之效。

表　　妹：如果关节不慎受寒，除了保暖，补肾是不是对关节也有好处？

小中医：是的，中医学认为"肾主骨，生髓"，补肾对强筋健骨有很大帮助，但是今天我推荐的温里祛痛茶与补肾的关系不大，主要是先从温补阳气和抵御风寒入手。

温里祛痛茶

生黄芪6g，党参6g，当归4g，桑枝4g，独活4g，肉桂1g。

温里祛痛茶（代表中药：肉桂）

温里祛痛茶包灵感来源于《丁甘仁用药一百一十三法》中的培补托里法，适用于手足关节怕冷、关节时有冷痛的人群。

黄芪、党参用来温中补气，如同在机体内生起一团温暖的小火苗，带来温暖，补充活力。当归可以养血温营，让体内循行的血液充沛，使关节及身体各处得到血液的充分滋养。桑枝的作用是行气利滞，通利关节，不仅能让小火苗带来的暖气在体内流动起来，还能够增加身体关节的活动度。独活为祛寒止痛的要药，发挥着祛除体内和关节内寒气的作用，并且还有止痛的效果。

《本草求真》云："肉桂气味纯阳，辛甘大热，直透肝肾血分，大补命门相火，益阳治阴。"最后加上少量肉桂来温暖机体经络，消散体内寒气。肉桂是平时比较常见的药食两用之材，比如现代人冬季爱喝的热红酒里就有放置肉桂一同煮酒，从而起到冬季暖身的效果。整个茶包既能抵御外界寒气，又能增强机体阳气，温暖脉络和关节，对感受风寒而产生身体关节疼痛很有帮助。

但是注意这款药茶不适宜阴虚体质，此处的阴虚火旺是指胃阴虚、肺阴虚这些位于上部的脏腑，表现为口干，饮水不易缓解，胃脘疼痛，有饥饿感但不想进食，以及口燥咽干等。此茶包用开水煮沸后服用效果更佳。烹煮时，先将前五味药放入电子炖锅中，待水烧开后再放入肉桂，放凉后即可饮用。因为肉桂比较辛散，水烧开后再放入其中，可以避免水煮过久损失疗效。茶包的气味比较辛温，为了调和口感，我们可以适当加入冰糖，既能调味，又可起到甘味缓急止痛的作用。

在立冬时节，我们平时还可以按摩肾俞穴和涌泉穴来温肾养生。具体的做法：两手对搓发热后，紧按肾俞穴位置，稍停片刻，然后上下来回地摩擦。涌泉穴位于足底，用掌心揉搓即可。

·立冬小彩蛋：负日之暄以养阳·

冬天，坐在暖融融的太阳底下，晒晒后背是一件很惬意的事情。清代医家曹庭栋在《养生随笔》中写道："日清风定，就南窗下，被日光而坐，列子所谓'负日之暄'。脊梁得有微暖，能使遍体和畅。日为太阳之精，其光壮人阳气，极为补益。"说的是在冬日晒太阳不仅惬意，还很养生。这是因为人体后背有多条属阳的经络通行，最重要的就是督脉，督脉主一身之阳气，后背常常晒晒太阳，可以温煦经络，增强体内阳气。

不是所有的『水』都是『好水』

　　小雪，是二十四节气中第二十个节气，也是冬季的第二个节气。《孝经纬》说："（立冬）后十五日，斗指亥，为小雪。天地积阴，温则为雨，寒则为雪。时言小者，寒未深而雪未大也。"所以小雪节气意味着天气逐渐变冷，降水量逐渐增多。寒是冬季最主要的邪气，容易损伤机体阳气，也容易导致经脉挛缩，引起气血运行不畅。当我们在室外吸入过多的寒气时，容易导致肺失宣肃，诱发咳嗽、痰多、怕冷等症状。

身体里的积水

陈 老 伯：医生，我有慢性支气管炎的病史，每次受凉后都会咳嗽，还有一些白色泡沫黏痰，很难咳干净，咳久了容易喘，好烦恼。

小 中 医：这是体内的"饮"在作祟，"饮"就是水饮，前身是机体内的水液，正常情况下水液像涓涓细流一样布散到身体各个部位，濡润机体。如果出现天气寒冷、冒雨涉水、饮食不节等诱因，水液运化受阻，河流运行不畅，容易停留在某个部位，此时水液就变成了"饮"。举例说来，水饮积于胸肺为支饮，水饮停留于胃肠为痰饮。小雪正是天气转冷的时节，如果不注意保暖，肺容易受到寒邪侵犯。观察舌苔偏白、有点湿，脉偏细紧，说明寒湿之邪入侵，宣肃失常，肺气上逆而咳嗽、咳痰发作。《素问·病能论》说："肺者脏之盖也。"指出肺覆盖于五脏六腑之上，位置最高且与外界相通，不耐寒热，易受外邪入侵，亦称为"娇脏"。寒主收引，湿性重着黏滞，寒湿邪气最容易侵犯人体阳气，如同河水冻结，留滞于原地，导致水液停止布散而形成"饮"。饮停于肺可见到咳嗽、咳泡沫白痰甚至喘促不适等症状。

冰冻三尺非一日之寒

陈老伯：为什么咳喘总是反复发作？

小中医：如果只是偶尔感受风寒等邪气且机体功能正常时，咳嗽、咳痰的症状很快能改善，也不会频繁发作。但如果肺、脾、肾三脏功能失调，导致"饮"的发生，就如同埋了颗地雷，随时会有发病风险。在之前的节气小茶包中我们曾提到，肺、脾、肾三脏共同完成水液的吸收、运行、排泄。当我们不好好保护他们时，就会脾阳虚，导致无法正常消化饮食，上不能传输养分至肺，下不能协助肾制约水液泛滥，反而伤及肾阳。这会导致水饮停滞在人体的某个角落，伺机等待发病的机会，引起咳嗽、咳痰、喘促、怕冷、腰酸等症状。冰冻三尺非一日之寒，肺、脾、肾三脏的损伤不是一日而成的。如果平时不注意保暖、久居寒湿之地、喜欢冒雨涉水，极易损伤肺之阳气。如果平日思虑劳倦，或嗜食生冷、暴饮暴食，则容易损伤脾胃运化功能。如果久病体弱、房事不节，则容易耗伤肾阳，正如《医学入门》云："阳虚肾寒，不能收摄邪水，冷痰溢上。"但是，虽然已经患有反复发作的慢性咳喘病，但需要尽量减少发作次数，这里为大家介绍一款在小雪时节补肺祛痰的茶饮。

杏仁保肺茶

枸杞子 6g，怀山药 6g，甜杏仁 4g，炙甘草 2g，地枯萝 6g，浙贝母 4g，干姜 2g，大枣 2 枚。

杏仁保肺茶（代表中药：甜杏仁）

杏仁保肺茶包灵感来源于《丁甘仁用药一百一十三法》中的降气纳气法，适用于长期反复咳嗽、咳痰、喘促的稳定期，见咳嗽气短、痰白少痰、神疲乏力的人群，如慢性支气管炎缓解期、肺气肿等。

小雪时节气温开始降低，易引起咳、痰、喘的急性发作，如果调养好以本虚为主的体质，减少痰饮的生成，就不用担心季节变化时反复发作了。肾是人体的根基，为了顾及茶包的口感，此处选用常见的枸杞子补益肝肾。枸杞子为枸杞的干燥成熟果实，口味甘甜，是一味兼具口味与功效的药食两用之材。山药性味甘平，可健脾、补肺、固肾，尤其适合缓解期的调护。根据五行理论，脾属土，肺属金，土可以生金，在山药的基础上，配合甜杏仁，其性味甘平，功效以润肺为主，调养肺的呼吸功能。炙甘草是将甘草加入蜂蜜和少许开水，拌匀后，炒至黄色至深黄色，不粘手时取出晾凉，性味偏甘温，重在健脾益气，搭配甘温的红枣，补益的同时能缓解体内虚寒的状况。上药合用，提高机体抗病能力，改善呼吸功能。

稳定期时外感寒邪症状不重，根据《景岳全书·咳嗽》所述："内伤之病多不足，若虚中夹实，亦当兼清以润之。"这时我们需要祛除痰饮，把身体里的积水祛除。地枯萝是丁氏内科的特色用药，别名叫地骷髅，虽然名字有些瘆人，却非常形象，其实就是地里干枯的白萝卜。秋冬季是白萝卜成熟的季节，成熟后先不要挖出来，待它开花结籽后，一整颗萝卜会变干、变空，这时的干萝卜枯槁不堪，犹如一具骷髅，此时挖出便是一味药材。地枯萝擅长行气利水消肿，配合干姜温肺逐饮、浙贝母清肺化痰的功效，可很好地祛除机体内已有的痰饮，这样一来，整个茶包就周全了。

杏仁保肺茶建议先煎煮其他药物 30 分钟，最后放入杏仁，5 分钟后关火。放凉后每日服用 2 杯即可。也可将药材放入粉碎机，加清水低速粉碎后备用，饮用前用小火煮开即可。除了茶包，平日也可以采用穴位敷贴、艾灸等方式，刺激足三里穴、肺俞穴、膻中穴、大椎穴来强身健体。

·小雪小彩蛋：吃糍粑·

糍粑是糯米蒸熟后捣烂制成的食品，糍粑最早是农民用来祭牛神的供品，后来逐渐出现了农历十月吃糍粑的习俗。糯米含蛋白质、脂肪、钙、磷、维生素等，营养极其丰富，是温补强壮的食品。中医学认为糯米甘温，能健脾暖胃补虚，适合天气逐渐转冷的小雪节气。冬季养生要避寒就温，要细心调养，避免阳气的散失。日常运动可加入打八段锦、太极拳等促进人体阳气的生成。

哎呦，脑瓜疼

大雪，是二十四节气中的第二十一个节气，冬季的第三个节气，标志着仲冬正式开始。相比小雪，大雪时气温会明显下降，寒流活跃，全国大部分地区进入冬季，南方也会出现霜冻，北方则会大雪纷飞，一片银装素裹。这个时节大家会想到的肯定是赏雪景、看冰雕、堆雪人和热腾腾的美食，但在我们享受生活的时候，也不要忘记寒气会无时无刻围绕在我们身边，稍有不慎，这位"好朋友"就会给我们的健康带来很多问题。

寒风四起，头痛不已

刘 阿 姨：瞧这门外风刮的，呼呼直响。一到冬天我最怕风，出门忘戴帽子会头痛，夜里睡觉窗户没关紧也会出现头痛、脖子僵硬不适，到底咋回事？

小 中 医：最近刚过大雪节气，天气寒冷不说，风也大。中医学理论认为，风为阳邪，易袭阳位，寒为阴邪，易伤阳气，而头为诸阳之会，是阳气汇集的地方，如果没有注意头部的保暖，风寒外邪对着头就吹，可不就引起头痛了吗？加上寒主收引，性凝滞，会导致身体气血运行不畅，不通则痛。大雪时节寒夹风上犯头面，就出现了头痛的问题，还会伴随怕冷、项背部僵滞等不适。有时即使你没有出门，只是睡觉时头部被虚邪贼风吹了一晚，也会引起头痛。

头痛发病率近年来呈上升趋势，女性较容易发生，且有发病年轻化的趋势。中医学对头痛认识非常早，殷商时期已有"疾首"记载，《黄帝内经》将头痛称为"脑风""首风"。睡觉吹到了过堂风等起居不慎、不注意保暖都容易使外邪上犯于头，清阳之气受阻，气血不畅导致头痛。当然长期精神紧张抑郁，平时性情急躁、饮食不注意等，也会导致气血不畅、脉络受阻引起头痛。

虚虚实实的头痛

刘 阿 姨：那我现在应该做些什么来预防头痛的发生呢？

小 中 医：我们先来看一下头痛的成因，《素问·五脏生成》论述："是以头痛颠疾，下虚上实。"所以除了有吹到冷风的外感因素，还要注意调理内脏。一般会着重调理肝、脾、肾三脏。肝主疏泄，容易受到生活中各种压力的影响，肝阴血不足会导致肝阳上亢引起头痛。脾与消化吸收关系密切，脾功能失调最容易使痰浊内生，导致清阳不升、浊阴不降，正如朱丹溪论述："头痛多主于痰。"肾主藏精，连于髓海，肾虚则精血不足，脑失所养，也是头痛的诱因之一。

在大雪时节，最重要的便是保暖，避免风寒外邪侵入身体。冬天适宜早睡，等到日出后再起床，这样做既可以躲避寒冷的天气，又可以涵养人体阳气。正如前文所提《素问·四气调神大论》论述："冬三月，此谓闭藏，水冰地坼，无扰乎阳，早卧晚起，必待日光……此冬气之应，养藏之道也。"当然，锻炼也尤其重要，需要注意的是运动前需热身充分，运动量逐渐增加，锻炼后应该及时擦干汗水，注意保暖。

最后，大雪是进补的好时节，冬令进补可以提高我们的免疫力，促进气血循环，改善畏寒等症状。这里有一个川芎头痛茶，既可以防头痛又可以调补身体，与大家分享。

川芎头痛茶

川芎 6g，沙苑子 6g，炒杜仲 6g，生姜 4g，大枣 3 枚。

川芎头痛茶（代表中药：川芎）

川芎头痛茶包灵感来源于《丁甘仁用药一百一十三法》中的祛风清宣法，适用于头部怕冷怕风，吹风后诱发头痛，偶伴腰酸的人群。

川芎辛温通散，能祛寒，又能活血行气，且药性升散能上行头目，正如前人论述"头痛不离川芎"，是头痛的代表药物。沙苑子又称潼蒺藜，是扁茎黄芪的种子，性味甘温，有温补肝肾的作用，适宜在天气寒冷时使用，搭配杜仲能够很好地温补肝肾，补充机体所需要的能量。与潼蒺藜名称很类似的一味中草药叫白蒺藜，虽然只有一字之差，但外形和功效却截然不同。白蒺藜是一种长满小短硬刺的果实，被扎一下挺疼，功效是平肝祛风，适合火气特别大的头痛人群。杜仲是治疗肝肾不足的常用药，尤其适宜肾气不足的中老年人、体质虚弱的女性或久病体虚的患者。如《本草纲目》记载："杜仲色紫而润，味甘微辛，其气温平，甘温能补，微辛能润，故能入肝而补肾，子能令母实也。"此处能配合沙苑子起到补益肝肾的作用。我们前面提到除了肝肾之外，脾也是引起头痛的重要内脏之一，所以此处加入辛温、入肺脾胃经的生姜来调整脾胃的功能，温胃散寒，同时生姜也可以预防和治疗轻微的风寒入侵之证。大雪节气适于滋补，故加大枣，加强健脾养胃暖身功效，辅助机体补充气血。

　　川芎头痛茶包建议在电子炖锅中煮 30 分钟后趁温服用，或热水泡服，分次服用。另外，头痛的类型有很多，如果是血虚头疼，或者容易生气上火的肝阳上亢头痛，不建议服用此款茶包。

　　头痛时还可按压合谷穴来缓解；也可取坐姿，按压风池穴、天柱穴两穴，当然虚证和寒证的患者也可通过艾灸膀胱经来改善体质，祛除体内寒气。

· 大雪小彩蛋：冬季料理 ·

南京有句俗话"小雪腌菜，大雪腌肉"，家家户户的窗台上都会挂上腌制品，以迎接新年。腌肉可以加强风味，软化肉质，煮出好吃的料理。说到冬季常吃的料理，一定要提羊肉炖白萝卜，除了美味可口之外，也有很好的食疗效果。羊肉的功效在于补肾助阳、祛寒暖身，白萝卜能降低羊肉的火气，且荤素搭配，营养更均衡。俗话说"冬吃萝卜夏吃姜"，冬天吃萝卜可以为羊肉这类荤食解腻，在获得能量时更好地消化食材。大家能体会这句民间谚语的实用含义吗？

冬至

仔仔细细看感冒

　　冬至，是二十四节气中的第二十二个节气，冬季的第四个节气，兼具自然与人文内涵，是民间传统的祭祖节日。冬至习俗因地域不同存在差异。南方地区有冬至吃汤圆的习俗，在北方地区，则是冬至吃饺子。冬至白昼短、气温寒冷，体内阳气刚刚生发，如果不注意保暖，很容易受到风寒外邪的影响，出现打喷嚏、鼻塞流涕、恶寒发热、全身疼痛等症状。

感冒还分这么多类型

小　　丽：我前几天受凉了，现在觉得怕风头痛、身体酸痛、流清鼻涕，还有点咳嗽、喉咙痒，家里正好有板蓝根冲剂，可以喝吗？

小　中　医：看你的舌苔薄白、脉浮紧，结合你的症状，是得了风寒感冒，不适合服用板蓝根冲剂了。板蓝根性寒，有清热解毒的功效，如果你流黄鼻涕、口干痰黄，就可以用。造成这些症状的原因是天气寒冷，不注意增添衣服，风寒之邪侵犯机体。风为阳邪，其性开泄，意思是感受风邪容易侵犯机体的上部，如头部、肌表、肺和上背部等，引起怕风头痛、身体酸痛、流清鼻涕，还有咳嗽、喉咙痒等症状。风邪开泄的特性，还会使体表毛孔张开，风寒之气从毛孔钻进体内。此时，风邪会在机体内流窜导致全身酸痛。而寒为阴邪，容易损伤机体阳气，导致体内气血运行不畅加重疼痛，同时引起发热怕冷的症状。

别看感冒只是个小病，但在中医的辨证论治中可有讲究了，只是感冒可以分为5种：风寒感冒、风热感冒、暑湿感冒、气虚感冒、阴虚感冒。不同类型用药也非常不同，比如风热感冒用金银花、薄荷、淡竹叶等辛凉解表药；暑湿感冒用香薷、荷叶等清暑祛湿解表药；气虚感冒用党参、茯苓、前胡等益气解表药；阴虚感冒用玉竹、白薇、淡豆豉等滋阴解表药。所以即使得了感冒，也不能随手冲一包感冒冲剂，那效果就如同抽盲盒一样，可能适得其反。

大名鼎鼎的连花清瘟

小　　丽：我明白了，所以最近大名鼎鼎的连花清瘟颗粒也不能随便吃。

小中医：没错，自新型冠状病毒感染疫情发生以来，连花清瘟颗粒走进了千家万户，但很多中医专家一直在科普，连花清瘟颗粒的主要作用是清瘟解毒，宣肺泄热。它的说明书也明确告知适用于治疗流行性感冒属热毒袭肺证，症见：发热或高热，恶寒，肌肉酸痛，鼻塞流涕，咳嗽，头痛，咽干咽痛，舌偏红，苔黄或黄腻等。所以，如果你药不对症乱吃一通，是要出乱子的。

回到之前的话题，感受风寒外邪时，机体处于正邪交争的状态，这时尤其需要顾护身体正气。我们需要多休息，睡眠充足可以加速身体的复原，防止正气进一步耗损。另外，饮食最好清淡，少吃油腻和难以消化的食物。脾胃是气血生化之源，生病时更需要注意，不要加重脾胃负担以免导致气血不足。最后要注意室内通风，注意戴口罩，防止传染给身边的人。

这里为大家准备了一份防治冬至感冒的茶包，既能预防感冒，又能治疗风寒感冒。

祛风散寒茶

葱白 4g，生姜 4g，佛手 3g，桔梗 2g，红糖适量。

祛风散寒茶（代表中药：葱白）

祛风散寒茶包灵感来源于《丁甘仁用药一百一十三法》中的疏邪解表及和营达邪法，根据冬至节气特点，适用于风寒感冒，症见恶寒发热、无汗、头身疼痛、咳嗽、鼻塞流涕，也可用于感冒的预防。

风寒感冒主要为风寒之邪内侵机体所致，《万病回春·伤寒（附伤风）》提道："四时感冒风寒者宜解表也。"因此，本茶包以葱白、生姜为主，都是厨房必备单品，葱白味辛，性温，入肺、胃经，可以帮助身体排汗促进外邪的排出，也可以驱散体内寒邪。生姜常与葱白搭配，可以发汗解表，祛除外邪，也可以温肺暖脾，缓解咳嗽、怕冷的症状。两者除了可以作茶饮外，我们在感冒时也可以用它们来熬粥食用，比如香喷喷的鸡粥。最后的点睛之笔就是一簇调味的姜末和葱花。佛手是药食两用的食材，辛能发散行气，苦能清泄降逆，温能散寒，虽属辛苦温之品，但药性平和，无燥烈之弊端，此处加入佛手取其疏表祛邪的作用，同时兼顾上焦和中焦气机的通畅。少量桔梗可以加强通利肺气的功效，最后加入红糖调味，既可温补，又可来防止体内正气的损耗。

在治疗风寒感冒时，祛风散寒茶先将葱白、生姜、佛手加入锅中炖煮 15 分钟左右，再加入桔梗炖煮 5 分钟，最后加入红糖，取出后必须温服，每日 1 ~ 2 杯。如用于预防感冒，也可将药物放于杯中直接加热水冲泡。

针对风寒感冒的症状，我们可取膀胱经、胆经、大肠经和肺经上的一些穴位来按压或艾灸。如颈后的风池穴，可以通过按揉来驱散风邪，手上的合谷穴、列缺穴也是常用的缓解感冒的穴位，艾灸时则可选大椎穴来驱散体内的寒气。

·冬至小彩蛋：吃饺子，吃汤圆·

我国民间素有"冬至大如年"的说法，冬至标示着太阳回返的始点，太阳往返运动进入新的循环，古人把冬至视为大吉之日。在江南地区尤其盛行冬至吃汤圆，汤圆是将糯米水磨成粉，配以芝麻、猪油和白砂糖做成馅，色白发亮，糯而不黏，吃了汤圆代表"团圆""圆满"。北方在冬至有吃饺子的习俗，饺子起源于东汉时期，为医圣张仲景首创。吃饺子有吉祥如意的寓意，也有消寒之意。

滴滴紧紧急急，羞羞悲悲戚戚

小寒，是二十四节气中的第二十三个节气，冬季的第五个节气。《月令七十二候集解》中解释："十二月节，月初寒尚小，故云，月半则大矣。"小寒时节冷空气频频南下，气温持续降低，但没有到寒冷的最低点。北方地区已经进入歇冬的状态，南方地区则要注意防寒防冻。寒冷的天气最容易损伤机体阳气，出现怕冷、小便频数、神疲乏力等症状，劳累后尤其明显。而这种小便滴滴答答、小腹拘急、尿急的体验，真是件让人无法说出的伤心事。

怎么老是反复

王 阿 婆：我平时有慢性尿路感染，一累就容易复发，表现为小便频急、小腹部胀满不适，尤其天气转冷后感觉非常疲劳怕冷，症状反复出现。这是什么原因呢？

小 中 医：小便频数、淋沥涩痛、小腹拘急引痛的症状在中医学里称为淋证。小寒时寒冷的天气会影响体内阳气运行，加重脾肾阳虚的症状。脾是机体的运化系统，属太阴，五行属土，中医学理论说"太阴湿土，得阳始运"，指的是脾的功能需要阳气的推动，且脾喜欢温燥的环境，所以天气寒冷时容易影响脾的功能导致气血不足，加重身体虚损的状况，引起中气下陷。肾主水，肾的开阖与机体水液代谢密切相关，"开"指的是输出和排出，"阖"指的是关闭，开阖协调，尿液的排泄才能正常，身体虚损、下元不固，加上天气寒冷影响肾的温煦功能，所以小便容易出问题。

如果总是因为疲劳乏力而出现小便频数涩痛的症状，就可以把它归类到淋证中"劳淋"范畴，顾名思义，是劳累所致的小便淋沥不尽。其发生与刚刚提到的脾肾关系密切。最初发生时，可能是因为感染或私密处清洁不当导致急性发作，但很多人后期没有注意调养，或有憋尿等坏习惯，导致病邪留恋体内，由腑及脏，引起脾肾受损。当先天之本（肾）和后天之本（脾）同时受到影响时，出现气血生化和运行不畅，加之小寒寒冷的天气，阻碍阳气的运行，容易导致尿频、尿急反复出现，劳累后更易发生。

憋啥不好，憋尿

王　阿　婆：我平时爱打麻将，一打麻将就容易憋尿，随后就发病，一发病医生就给我吃抗生素，但我感觉这样无法彻底治愈。

小中医：憋尿这个坏习惯，虽然看上去没什么问题，但对机体的伤害非常大。憋尿时，尿液无法将膀胱内的细菌及时冲走，还创造了一个适合其生长的环境，导致秽浊之物侵袭膀胱，安营扎寨、繁衍子嗣，导致尿急尿痛。时间久了，这些子嗣不但会上行侵犯肾，甚至日久凝结成砂石，也就是平时所说的尿路结石。长此以往，不仅排尿困难，还会伴有刀割样疼痛，真得好痛苦。

初发淋证时，医生都会给予口服抗生素，快刀斩断乱麻，见效快。如果反复发作，反复服用抗生素，治疗效果渐渐变弱，还会出现口苦、胃痛等不适症状。其实抗生素是对抗疾病的一把利剑，但如果不珍惜它，平日不注意养护自己的身体，利刃也有两面，难免伤了自己。

需要注意的是，小寒节气天气寒冷时，不要过度进行室外运动，一则会增加阳气的损耗，二则容易导致寒邪内侵，扰乱体内气血的循环运行。同时要注意顾肾，肾为五脏六腑之本，肾阴充则诸多脏之阴充，肾阳旺则全身之阳旺，所以还是请注意适量饮水、不憋尿，加速清除体内的代谢废物，保护好肾脏。

这里也为大家准备了一份在冬令补益通淋的茶包，调养好身体来迎接新的一年的挑战。

温肾除淋茶

怀山药 9g，芡实 6g，通草 2g，大枣 3 枚。

温肾除淋茶（代表中药：山药）

温肾除淋茶包灵感来源于《丁甘仁用药一百一十三法》中的和中化浊法，适用于劳累后发作、小便频急、神疲乏力，但没有尿血的人群。

小寒天气寒冷，可选用药食两用的山药。山药味甘性温，甘可补，温能祛寒，适宜慢性病的长期调补，入脾、肾经，可以增强脾胃消化吸收的功能，含有多种营养素，能补肾强健身体。芡实又称鸡头米，也是药食两用的药材，药性甘平，能补脾肾，同时有收涩的功效，其收涩之性本多用于遗精、泄泻等症，在此处针对小便频数。除了小便频数，如还出现腹泻、便溏的状况，可考虑用炒芡实替代。炒芡实是将生芡实放入锅内，文火慢炒至微黄色，散发香气时，取出晾凉，相比生芡实，炒芡实补脾和固涩作用更强。通草是丁氏内科擅用的通淋药，一般可以用它和猪脚或鲫鱼煲汤，用于产后乳汁不够的女性，但其实它也适合用于劳淋。因为劳淋发作时患者往往处在一个虚实夹杂的状况，既有体虚，也有一定的湿热、气滞的状况。通草的药性甘能补，淡能利湿，微寒能清热，气味较薄，作用缓弱，即使在天气寒冷的情况下使用，也不会出现损伤阳气的状况，同时又能兼顾一些实证病邪。

由于通草质地蓬松，温肾除淋茶建议放入电子炖锅中炖煮半小时，每日分多次服用。服用时可以根据个人喜好适量增加大枣剂量，来进一步加强补虚的效果，尤其适合特别怕冷、体质较差的人。不过喝完记得勤上厕所，千万不要憋尿啊！

针对劳淋的症状，我们可取膀胱经、任脉和胃经上的一些穴位来按压或艾灸。比如足三里穴可强壮生化之源，关元穴强壮肾元，脾俞穴、肾俞穴补益脾肾，艾灸时请注意预防明火及烫伤。

· 小寒小彩蛋：腊八节 ·

腊八节本是纪念释迦牟尼佛成道之节日，后逐渐成为了小寒的习俗。腊八节主要流行于北方地区，是一个祭祀神灵和祖先、祈求吉祥和丰收的节日。这一天大家都要喝腊八粥，腊八粥的组成一般包括大米、小米、玉米、薏苡仁、大枣、莲子、花生、桂圆和各种豆类，富含蛋白质、膳食纤维、维生素和矿物质，营养均衡，是食疗佳品，非常适合儿童、老年人和怀孕早期的准妈妈。

请喝下这杯热茶

　　大寒，是二十四节气中的最后一个节气，临近年末，家家户户都沉浸在喜庆祥和的气氛中，忙着扫尘、贴春联、贴福字、备年货，一派"大寒迎年"的热闹景象。民谚有云："小寒大寒，无风自寒。"在传统节气中极冷的一天，"小仙女们"就不太好过了，每月一次的小腹疼痛、情绪不稳、乳房胀痛、痤疮加重，甚至脸色苍白、全身冷汗！没错，是"大姨妈"又来啦！

又是"捧腹"的一天

姐　　姐：大冬天的"大姨妈"又到访，暖宝宝都用上了，小腹还是疼痛、坠胀，腰酸，我只能弯着腰捧着腹了。

小 中 医：现在已经到大寒节气了，俗话说"小寒大寒，冷成冰团"，大寒节气，寒潮汹涌，万物蛰藏，虫蛇冬眠，人体代谢缓慢。我们人体中，有四条特别的经脉掌管着女性的月事，分别是冲脉、任脉、督脉、带脉。这四条经脉像四条发达的高速公路，把人体的气血运送到子宫、卵巢，让女性"太冲脉盛，月事以时下，故有子"。但是，如果受到天气寒冷、情绪紧张、饮食生冷等因素的刺激时，我们的"高速公路"便出现了车速缓慢、堵车的情形，气血无法顺利到达子宫，或是把寒气等"劣质产品"运送到那里，会引起气血瘀滞型痛经等一些妇科问题。

姐　　姐：我热敷小腹，痛经有所缓解，就是因为把这些"高速公路"打通了对吗？

小 中 医：可以这么说，无论贴暖宝宝还是喝热水，都是达到了温经通络的效果，所以能帮助止痛。但不是所有女性的痛经用这种方法都能缓解。痛经的病因包括气滞血瘀、寒凝血瘀、湿热瘀阻、气血虚弱、肾气亏虚。而热敷的方法最适用于寒凝血瘀，对气滞血瘀、气血虚弱、肾气亏虚也有效，但对湿热瘀阻型痛经，你再用热敷无异于火上浇油，是不适用的。

快给我止痛药！

姐　　姐：对付痛经我还有个法宝：吃止痛药。

小 中 医：如果痛经严重到影响工作和生活时，可以服用止痛药。治疗原发性痛经一般选择非甾体类抗炎药，如布洛芬、散利痛等，一般在经期第1～2天或者出现疼痛时服用，症状消失后即停药。这类药物可抑制子宫内膜平滑肌收缩，从而起到止痛效果。

姐　　姐：红糖姜茶能喝吗？红糖看着红红的，能补血吗？

小 中 医：红糖的主要成分是蔗糖，虽然说"甘能缓急止痛"，但喝红糖水缓解疼痛主要是因为热水能舒张血管，并不能起到止痛"药"的作用。如果想预防痛经，切勿在经期前后贪凉冷饮，忌食生冷瓜果及辛辣刺激食物，多饮温开水，同时注意腰腹部保暖。另外，切记不要盲目使用止痛药物和激素类药物，使用不当会产生一定的不良反应及副作用。建议有痛经病史的女性，尽早去正规医院诊治，排除继发性痛经的可能。对于常见的痛经类型，我们可以通过一款茶包来改善疼痛的症状。

痛经舒缓茶

西红花 0.1g，玫瑰花 3g，枸杞子 3g，石斛 4g，山茱萸 3g，大枣 3 枚。

痛经舒缓茶（代表中药：玫瑰花）

痛经舒缓茶灵感来源于《丁甘仁用药一百一十三法》中的养血温经法，最适用于寒凝血瘀、气滞血瘀的痛经类型，常见症状为小腹刺痛、喜欢热敷、热敷后疼痛有所缓解、平时情绪忧虑、月经见血块等。

西红花别名藏红花、番红花，是一种珍贵药材，也是一种香料，最早由希腊人种植，明代才传入我国，西红花具有活血化瘀、镇静止痛作用。冲泡西红花时，刚开始水的颜色呈金黄色，通络止痛效果比较弱，所以我们需要将 0.1g 西红花用开水冲泡后等待

189

几分钟，等颜色变成橘红色后就可以了。西红花因为稀有，价格比较昂贵，但随着上海崇明广泛种植，其价格也相较伊朗西红花更实惠。玫瑰花以花蕾入药，性温，味甘微苦，具有行气解郁、和血止痛的功效，《本草纲目拾遗》提到玫瑰花可"和血、行血、理气"，和血的意思就是补血加活血。此外，玫瑰花还可减轻抑郁相关症状，所以对精神紧张、生气后痛经加重的"小仙女"非常适用。枸杞子可以一药两用，与两味药相配伍。枸杞子、石斛都有滋阴润燥的功效，由于西红花药性比较"燥"，喝了以后虽然痛经明显改善，却让人有口干舌燥的感觉，因此用枸杞子、石斛滋养阴液来缓和燥性。枸杞子亦可与山茱萸配伍，达到补益肝肾、温补固涩的效果。最后大枣具有补中缓急的作用，还可调和茶包口味，让你在寒冷的冬季享受一杯香甜的止痛茶。

需要一提的是，西红花虽为良药，但孕妇和备孕期妇女不能轻易使用，以免发生流产。最后，在月经来临前 5～7 天开始按摩三阴交穴、子宫穴、血海穴，月经来潮后则停止，等下次经期前再刺激这三处穴位可帮助月经顺利来潮。按摩时稍加用力，缓缓揉捻按压，以有酸胀感为宜。

回回回回回回回回回回回回回回回回回回回回回回回回

·大寒小彩蛋：尾牙祭·

从大寒开始一直到立春，会遇到一系列欢快祥和的民俗活动，尾牙祭就是其中之一。尾牙源于拜土地公"做牙"的习俗，我们把二月二称为"头牙"，此后每逢初二和十六都要"做牙"，于是到了年尾十二月十六日正好是"尾牙"。"做牙"又称"做牙祭"，而我们常把美餐一顿称为"打牙祭"即由此而来。民间一直有全家坐一起"食尾牙"的习俗，在现代企业中流行的"年会""尾牙"亦是由尾牙祭演变而来的。